はじめに

子供にとって、「科学」の入口は、「遊び」だったり「マジック」だったり。「"ふしぎ"？で　ヘン！で　"おもしろい"！」ことではないかと思います。

それは大人になっても同じではないでしょうか。

そんな「おもしろいな！ふしぎだな？」と思えることを、「手軽な実験」や「手作り工作」にして、2018年にこの書籍のもととなる『手作り実験工作室』を出版いたしました。

本書では、自分で装置を工作したりして、実験を進めています。

「"ふしぎ"だな」と思える現象も、自分で作図をしたり、装置を作ったりして実験してみると、案外簡単に理解できることがあります。

「"ふしぎ"だな」と思ったときが、「科学の楽しさ」を深めるチャンスです。
本書で、「科学の扉」を一緒に開けてみましょう。

＊

本書では、画像がモノクロのものもありますが、筆者のサイトでは、カラーの画像を公開しております。また、各テーマの最後のQRコードのWebサイトからは、カラー画像を使った詳しい情報をご覧いただけ、関連となる実験キットの紹介もしております。

カラー画像のサイト	
https://hmslab1.jimdofree.com/身近なもので楽しむ-おもしろ-ふしぎ-科学実験室/	

　本書を通して、『科学の楽しさ』をさらに多くの方々に知っていただければ幸いです。

おもしろ！ふしぎ？実験隊
久保利加子

家庭でできる驚き実験！

おもしろ！ふしぎ？ 科学工作室

CONTENTS

はじめに 3

第1章　光を使った実験
- [1-1] 間違い探しは、VR装置で 8
- [1-2] 台所で色変わりラボ 11
- [1-3] 赤い光で見てみると？ 19
- [1-4] LEDを覗いてみよう 25
- [1-5] ピンホール投影機 35
- [1-6] 半分鏡（ハーフミラー） 41
- [1-7] お菓子の袋で全反射 49
- [1-8] おてがる！分光器で光を観察 60
- [1-9] ボトルレンズでいろいろ観察 72
- [1-10] 合わせ鏡の作図ラボ 82

第2章　一歩進んだ実験
- [2-1] 簡単アニメマシン 92
- [2-2] 首ふりドラゴン 101
- [2-3] お手軽VR装置 110

第3章　さらに掘り下げて考える実験
- [3-1] 光のジュースで遊ぼう 120
- [3-2] 3Dを科学する 132
- [3-3] 偏光板を使って、見えないものを見る 141

索引 157

●各製品名は、一般的に各社の登録商標または商標ですが、®およびTMは省略しています。

第1章
光を使った実験

私たちのまわりには、光や色があふれています。「光」あるところに、実験あり！

仕組みがちょっとむつかしそうなLEDも、じっくり観察すると、面白いことが見えてきます。

色の変化や人間の視覚の「不思議」を覗いてみましょう。

第1章 光を使った実験

1-1 間違い探しは、VR装置で

Key Word 間違い探し、立体視、ステレオグラム、VR

2つの虫眼鏡で、間違い探し

ちょっとした暇つぶしにもなる間違い探し。

この「間違い探し」も、ここで解説するラボを使えば、不思議な見え方で探すことができるようになります。

間違い探しの例（答は5個）

そして、これを発展させると、「VR（バーチャルリアリティ）装置」の原理も分かってくるのです。

ラボ的間違い探し、試してみましょう。

間違い探しの方法

【用意するもの】

・虫メガネ（2個、100円ショップなどで購入）

虫メガネ2つを両手に持って、右目と左目に当て、ピントが合うように、間違い探しのイラストを見る。

ピントが合うと、イラストが1つに見えてくるのですが、その中に、なんだか違和感がある部分が出てきます。

【1-1】 間違い探しは、VR装置で

虫眼鏡を普通の眼鏡のように使う

以下の図でも試してみてください。

人によっては、**ピカピカ**光っていたり、飛び出して見えたりするようです。
　また、漢字のほうは「貸」と「貨」がダブって見えます。

そして、そのように見える部分が、間違っているところなのです。

どのように見えるか、試してみよう

どうして、間違いを発見できるのか

　通常、こういった間違い探しは、2つのイラストを比較しながら確認しますが、今回の手法は違います。
　モノを拡大することができる「虫メガネ」を使いました。

　虫メガネを使うことで、右目には「右側のイラスト」が、左目には「左側のイラスト」が飛び込んできて見えやすくなります。

　人間は、普通は左右両方の目を使って、モノを見ています。
　右目で見た像と左目で見た像を脳で合成し、その像のわずかなズレや光の加減などを判断の材料として、立体視をしています。

　しかし、今回のように右目と左目に似たようなイラストを見せると、同じ1つのものを見ていると脳が判断して、合成しようとするのです。

　しかし、それぞれのイラストには少し違った部分があるので、脳で違和感を覚えます。
　そして、その部分をうまく処理しきれず、キラキラして見えたり、ダブって見えたりするのです。

　実はこの手法、**「ステレオグラム」（立体画像）** を使った立体視の方法を使っています。

　今回は虫めがねを補助具として使いましたが、慣れてくるとイラストを"ボ〜"っと見るだけでも、間違いを見つけることができるようになります。

＊

　また、この手法は、**「VR」（バーチャルリアリティ）** の原理と通ずるところがあります。

　間違い探しからVRの原理…これこそ違和感かもしれません。

　でも、原理が分かれば楽しいことが広がる、まさに身近なもので楽しむ展開ですね（ぜひ、**p.110** も参照してください）。

参考サイト https://omoshiro.home.blog/2017/11/27/post_428/

1-2 台所で色変わりラボ

Key Word 色素、酸、アルカリ

色が変わる色素

キッチンでの実験ネタと言えば、「色変わり実験」でしょう。

カラフルな色の変化は、自由研究でも人気です。

紫色色素やターメリックで色変わり

色が変わる原理を知ると、ほんの小さな変化でも、ダイナミックな色の変化を起こしていることに、驚きを感じると思います。

そこで、まずは「紅茶にレモン」で色変わりの原理を探ってみましょう。

紅茶にレモンで色変わり

紅茶の色の変化は、茶葉に含まれている「テアフラビン」という物質の構造の変化が関係しています。

茶葉は発酵させて作られるのですが、その構造は、酸性では-OHで無色、中性になると-O$^{\ominus}$になり赤い色を示すようになります。

レモンに含まれる「クエン酸」は酸性の物質なので、紅茶に入れるとテアフラビンの構造が、-O$^{\ominus}$から-OHに変化するのです。

そうすると、分子における光の吸収の様子が変わり、テアフラビンの色は赤色から無色に変化し、全体としてレモンティーの色に変わります。

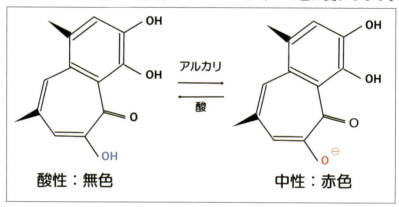

紅茶の色の変化

酸やアルカリによる色の変化は、このようなことで起こっています。

この後は、少しカラフルな色変わりが楽しめるラボを紹介しましょう。

食用色素の紫で色変わりラボ

　色変わり実験の定番は、紫キャベツやぶどうジュースなどから取り出した「色素」を使うものでしょう。

　酢や重曹を入れて色の変化を見ながら、入れたものが酸性かアルカリ性かを判断する実験です。

　カラフルな実験ですが、紫キャベツは販売時期や鮮度などを気にしなければなりません。

　そもそも、切って刻んで絞って…という作業はちょっと面倒です。

　一方、ぶどうジュースも糖分によるベタつきなどが気になります。

＊

　そこで役立つのが、食用色素の紫です。
　長期保存が可能で、使いたいときにすぐに使うことができ、退色することも少ない、優れものです。

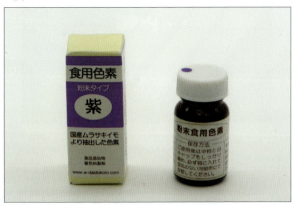

食用色素 紫

　2gもあれば、家のものを調べつくしても、ずいぶん余ります。
それでいて、価格も300円ほど。

　紫キャベツを1個購入して、液を作ることを考えると、手間も要りません。ぜひ活用してみましょう。

第1章　光を使った実験

【用意するもの】

・食用色素 紫（2gで300円ほど、スーパーやネットなどで購入）
・調べたいもの（ヨーグルト、胃薬、重曹、酢、サイダー、線香など）

おうちにある、アルカリ性物質（右）と酸性物質（左）

・実験用容器（柔らかいアイストレー、ダイソーなどで購入）
・スポイトかプラさじ（数個、100円ショップなどで購入）

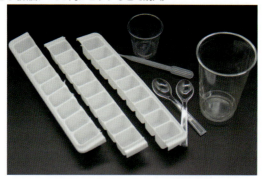

・透明なコップ
・pH試験紙（ネットやドラッグストアなどで購入、無くても可）
・ドライアイス（無くても可）

　実験用容器はコップや卵パックでもいいですが、アイストレーだと食用色素 紫の使用量が少なくてすみ、何度も使える上、白なので変化も観察しやすいです。

　柔らかい素材のトレーであれば、必要に応じてカットもでき、調べたいものが混ざり込みにくいのでお勧めです。

【1-2】 台所で色変わりラボ

ラボは、以下の手順で行なってください。

[1] 水（蒸留水がいいが、水道水でも可）500mlに、食用色素 紫に付属しているスプーンで、軽く1杯(0.1g)の量を入れて溶かし、紫色水溶液を作る。

紫色水溶液

この色を基準とします。
水道水は、少しだけアルカリ性であるため、本来は蒸留水がベストです。
でも、作った水溶液の色を基準とすればいいので、水道水でも問題ないでしょう。

[2] 紫色水溶液を、トレーに入れる。

[3] 調べたいものを、スポイトやプラさじでトレーに入れて、色の変化を観察する。

実験結果

食用色素紫は、ムラサキイモから抽出されたアントシアニン系の色素が原料になっています。
基本は紫色ですが、アルカリ性のものと一緒になると「青色」に、酸性のものと一緒になると「赤色」に変化します。

15

また、中性のものでは、赤と青を足したピンク色を示します。

＊

ここまでがアイストレーを使ったラボですが、恐らく紫色水溶液がたくさん残っているのではないでしょうか。

そこで、おまけで別のラボも試してみましょう。

[1] ガラスコップ２つに、紫色水溶液を入れ、酢と重曹を加えて、色の変わり方を観察。

酢は赤色、重曹は青色になります。

酢を入れたもの(左)と重曹を入れたもの(右)

[2] 手順①で作った、２つの水溶液を混ぜて、色の変わり方を観察。

混合すると色が変わり、泡が発生する

赤色と青色が混ざって、ピンク色になり、"ブクブク"と泡が出てきます。
これは、以下のような化学変化が起こっているためです。

$$NaHCO_3 + CH_3COOH \rightarrow CH_3COONa + CO_2 + H_2O$$

泡の正体である二酸化炭素(CO_2)が発生しています。
また、酸性とアルカリ性のものが反応すると、別のもの(塩)が出来ています。

[3] 残った紫色水溶液に、ドライアイスを入れて観察する。

紫色水溶液に、ドライアイスを入れ、重曹を足す

　最初は紫色ですが、しばらくすると、ちょっぴり赤くなります。

　そこに重曹を入れると、青くなって、またしばらくすると紫色になって、赤くなって…と繰り返し、変化が楽しめます。

＊

　泡が出てきますが、この泡の正体が二酸化炭素。
　ドライアイスは、二酸化炭素が固まったものです。
　二酸化炭素が水に溶けると、その水溶液は酸性になるので、こういった現象が起こります。

　実験結果からは、いろいろなことが分かります。

＊

　たとえば、胃薬はアルカリ性を示すものもあります。
　胃液が酸性なので、胃液が出すぎたときは、アルカリ性の胃薬を飲めばよいというわけです。
　また、コンニャクはアルカリ性を示します。凝固剤としてアルカリ性の石灰水（水酸化カルシウム）などを使っているのです。

　他にも、線香の灰はアルカリ性を示します。
　（アルカリ性のカリは、灰という意味らしいです）。
　pH指示薬がある場合は、実験結果と比較してみるといいでしょう。

＊

　よく、『酸性は酸っぱいもの、アルカリ性は苦いもの』と言われます。
　食用の重曹や酢などだったら、舐めて体感するのもいいかもしれませんが、パイプ洗浄剤のように危険なものもあります。
　このようなときに、**色変わり色素（指示薬）** を使って判断するのです。

> ※このラボが終わった際には、アイストレーの中身を一度に捨てないようにしましょう。
> 　調べたものの中には混ぜるな危険！と書いてあるものもあるかもしれないからです（たとえば、カビキラーとトイレの洗浄剤など）。
> 　一緒に捨てると、危険なガスが発生することがあるので注意してください。

色変わりする色素いろいろ

色素は、それだけで一冊の本が書けるくらいの種類があります。
身の周りにも、色変わりに使える色素はたくさん存在しています。

たとえば、小学校の実験で使った「リトマス試験紙」や、ヨウ素でんぷん反応で使った「ヨウ素液」がそうでしょう。

また、カレー粉(ターメリック)だって、重曹を入れると青くなります。

いろいろな色変わり色素

このラボでは、色がついた粉末の胃薬やマヨネーズなどは、色の変化が判断しにくいという問題があります。

また、アルカリ性の漂白剤などは、紫色水溶液を黄色く変化させてしまいます。
これは、反応性が強いため、色素自体の構造が変化してしまったのだと推測できます。

参考サイト　https://omoshiro.home.blog/2010/06/29/_n_2/

※『身近なもので楽しむ！おもしろ！ふしぎ？科学実験室』も参照してください。

1-3 赤い光で見てみると？

Key Word 白色光、分光、単色光

赤LED（単色光）で観察

　少し以前は、車でトンネルの中を走っているとき、トンネル内の光で、まわりのものの色が違って感じる経験をした人は多いと思います。

　このトンネル内の光は、「単色光」と呼ばれています。

　一方、蛍光灯やLED照明、太陽光など、いわゆる「白色光」と呼ばれる光では、そのような変化は起こりません。
　そこで、単色光と言われているLEDの赤い光を使って、白色光と単色光の見え方の違いを、ラボしてみましょう。

 赤LEDで赤白黄緑青を観察すると、どう見えるか

【用意するもの】
・赤LEDのライトまたはフルカラーライト（ダイソーなどで購入可）
・赤白黄緑青の丸シール（1.5cmくらいのものを各1枚）
・白い用紙（1枚）
・使い古しのCDまたはDVD（1枚）

　画像は、ダイソーのフルカラーライト（330円）です。今回のラボでは、赤に設定して使います。

赤・緑・青・シアン・マゼンタ・黄色・白などの光が出せる

事前の準備として、以下の作業を行ないます。

[1] コピー用紙に黒ペンで赤白黄緑青と書く。

[2] 赤白黄緑青の丸シール各色1枚を裏返しにして、どれがどれか分からなくなるように混ぜる。

ラボに使うもの

ラボは、次の手順で行なってください。

[1] 赤LEDを点けて、部屋を暗くする。

[2] 赤LEDを当てながら、丸シールを表にして、赤白黄緑青と書かれたところに、その色と思われる丸シールを貼る。

[3] 部屋を明るくして、色が合っているかを確認する。
　赤LEDで照らされた丸シールは、白色光で見るときとは違って、色の判断がつきにくかったと思います。

　よく照らせば照らすほど、分かりにくいはずです。

[1-3] 赤い光で見てみると？

　個人で感じ方は違いますが、「赤」「白」「黄」が「白」っぽく感じ、「緑」「青」が黒っぽく感じるようです。

※部屋が真っ暗でない場合や、赤LEDをシールから離して観察した場合は、少し分かりやすくなるかもしれません。

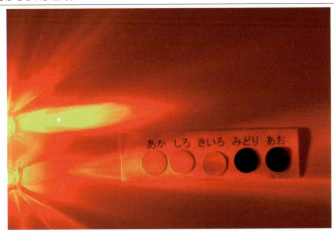

赤LEDで照らされた丸シール

　白色光で見たときと、赤LEDで見たときでは、どうしてこのような違いが現われたのでしょうか。

白色光ってどんな光？

　まずは、白色光から調べてみましょう。

　部屋の白色光を、CDやDVDの"キラキラ光る面"に当ててみましょう。

　いろいろな色の光が、中心から放射線状に伸びていると思います。
　実は、これらの光が、白色光から出ているのです。

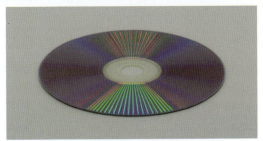

いろいろな色の光が現れる

p.60の「おてがる！分光器」があれば、それで観察してみましょう。白く感じる光は、いろいろな色の光の集まりだったのです。

いろいろな色の光から出来ている白色光が、もの（不透明なもの）に当たると、ある色の光は吸収され、ある色の光は反射または透過されます。
人間は、その光を目でとらえ、情報を脳に伝えて、色として認識します。

つまり、赤のシールの表面は、白色光のもとでは赤い色の光を反射します。だから、人間は赤と認識するのです。

同様に、青のシールなら青い色の光を反射している、というわけです。

赤LEDってどんな光？

では、次に赤LEDを調べてみましょう。

＊

部屋を真っ暗にして、赤LEDを点灯し、白色光と同様にCDの"キラキラ光る面"に当ててください。

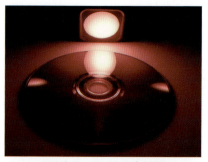

フルカラーライトの赤LED

赤LED

鏡のように赤LEDが映り込んでいます。CDの中心から、放射線状に伸びる赤い光が確認できると思います。

この光の中には、青色の光は見えません。
つまり、青のシールが反射する光がないため、黒く感じたのです。

赤LEDで、赤白黄が同じような色味（白っぽい色）に感じる理由

では、赤白黄のシールが、同じような色味に感じるのは、どういった理由からでしょうか。

大ざっぱな解説ですが、人間が光を感じる網膜というところには、赤緑青近辺の光をよく感じる細胞があります。
光をこの細胞でとらえて、情報を脳に送り、色を認識しています。
p.126をご参照ください。

＊

次の写真は、赤緑青の3つの光で、いろいろな色の光を再現したものです。

赤緑青でいろいろな色を再現

たとえば、右上の黄色い光は、赤と緑の光を1つのコップに合わせ入れて、再現しています。
また、真ん中の白い光は、赤緑青の光を合わせ入れて、再現しています。

＊

まとめると、いろいろな色を含んだ白色光の下では、次図左のように、黄のシールは赤緑の光の情報を、白のシールは赤緑青の光の情報を脳に伝えます。

それで、赤い光の下でシールを観察した場合は、次図右のように、赤白黄のシールは、どれも赤い光の情報のみを伝えることになるので、どれも同じ色味に感じるのです。

白色光（左）と赤LED（右）のときの見え方

＊

　では赤白黄のシールが、すべて白く感じた理由を考えてみましょう。
　たとえば赤のシールは、当たった赤LEDの光すべてを反射するので、明るくまぶしい、白っぽい色に感じられます。
　白黄のシールもすべての光を反射するので、同様の理由で、赤LEDの下では、白く感じるのです。

赤LEDで、青緑が少し違って感じる理由

　では最後に、もう1つおまけです。

　青のシールが黒く感じた理由は解説しましたが、緑と青のシールの黒さ加減が違って感じた人もいたのではないでしょうか。

　赤LEDをCDやDVDに当てて、中心から放射線状に伸びた赤い光をもう一度よく見てください。

緑色の光がわずかにあることに気付いたでしょうか。
(少し遠くから赤LEDを当てたほうが、よく分かります)。

　LEDは単色光と言われていますが、一般に多く販売されている赤LEDには、わずかに緑色の光(波長)も含まれているようで、その光が現われています。

　ですから、緑青のシールを赤LEDで照らした場合、緑のシールは青と違い、わずかに緑色の光を反射することができるのです。

参考サイト　https://omoshiro.home.blog/2009/04/22/post_1/

1-4　LEDを覗いてみよう

Key Word　白色光、分光、LED、黄色蛍光体

小さなLEDの大きな力

　最近は、LED照明が主流となってきて、小学校でも、LED(発光ダイオード)について学習しています。

　一般照明用の蛍光ランプの製造・輸出入は2027年までに廃止され、電球においては国内の主要メーカーでは2012年頃までに生産が終了しているのです。

　このラボでは、LEDの難しそうな「発光の原理」までは踏み込みませんが、読み進めるだけで興味がもてるよう解説します。
　小さなLEDに秘められた、大きな力を感じてみてください。

LEDを点けてみよう！

ここでは、いちばんオーソドックスな5mm程度の大きさのLEDを観察してみましょう。

【用意するもの】
- キーライトなどのLED製品（ダイソーなど）
- コイン電池CR2032：3V（キーライトについていれば、それを利用）
- デジカメ
- 使い古しのCDやDVD

通常、LEDは3Vで点きます。

キーライトが3枚の電池を使っていたら、"3枚重ねて"使ってください。

＊

ラボは、次の手順で行ないます。

[1] キーライトを分解し、LEDのみにする。

[2] 透明な樹脂の部分を観察する。
よく使われているLEDは、爆弾型とか砲弾型などと呼ばれる形をしています。

うまく全体が取り出せたなら、リードと呼ばれる足が2本出ていることでしょう。

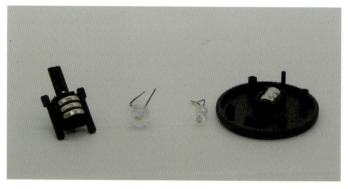

分解して取り出したLED

[3] コイン電池をはさんで点灯させる。
LEDに電池をつなぐには、決まりがあります。

リードの長いほうに、コイン電池の**＋極**が接するようにセットしましょう。
ただし、製品によっては、制作過程でリードをカットしているものもあるので、一概に言えるわけではありません。

一方では点いて、もう一方では点かないという極性は必ずもっているので、点灯しない場合はリードを逆にしてみましょう。

また、コイン電池は、乾電池のようにメーカーのシール（絶縁体）がありません。
＊
そのため、次の図のようなつなぎ方もできます。

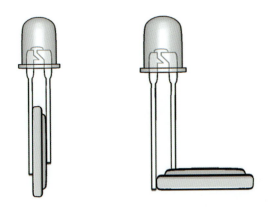

コイン電池でできる、いろいろなつなぎ方

第1章 光を使った実験

> **LEDを覗いてみよう**

さて、LEDは色の種類によって、仕組みに違いがあるのでしょうか。

点灯していないLEDの、透明な樹脂の部分をよく観察してみましょう。（小さくて見えにくい場合は、デジカメやスマホで撮影して、拡大してみましょう）。

● 赤緑青のLED

左から赤緑青

それぞれにワイヤーが見えます。

見た目には、ほとんど違いがありませんが、ワイヤーが接しているLEDチップ部分の化合物の違いによって、出てくる光の色が変わります。

光るのは、ワイヤーが接しているほんの一部分です（LEDが点光源と言われる所以です）。

また、透明な樹脂の部分は、「爆弾（砲弾）型」をしていますが、上からよく見ると、丸い形状ではないのです。

回路図にも表われていて、その形状により、極性を判断することができます。

[1-4] LEDを覗いてみよう

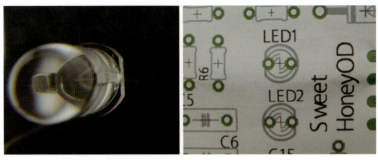

丸ではなく、カットされた部分がある

●自己点滅型フルカラーLED
　自己点滅型フルカラーLEDは、赤、緑、青が順に点滅し、シアン・マゼンタ・イエロー・白の光を出せるものです。

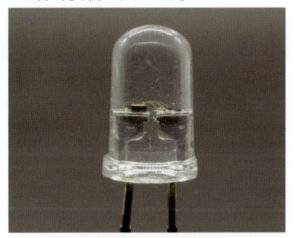

3色の配合でいろいろな色を出す

　ワイヤー3本と、黒い四角いものが確認できます。

　3本のワイヤーは、赤緑青それぞれの光が出せる化合物と接しています。
　また、「黒い四角いもの」は、コンピュータチップで、ここから"赤緑青の光を出しなさい"などと命令を出しています。

　たった5mmくらいの大きさの中で、こんなことができるLEDは、すごいですね。

第1章 光を使った実験

●広角のLED

　LEDは点光源と説明しましたが、この光を広い範囲に行き渡らせるために、樹脂の部分に工夫が施されています。

　これは、光らせないと分かりませんね。

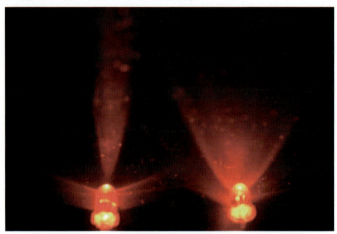

光を拡散させて照らす

●白色LED

　白色LEDには、いくつかの種類があるのですが、その多くは上から見ると薄い黄色(クリーム色)をしています。

　この薄い黄色いものは**「黄色蛍光体」**で、その下には青色LEDがあることが多いです。

色の配合で、白色光を出している

青色LEDが光ると、その刺激を受けた黄色蛍光体が黄色い光を出し、合わせて白色光となるのです。

　赤＋緑で黄色い光を作ることができ、それに青をプラスすると白ができます。（**p.129**で解説しています）

＊

　LEDは、10個セットで売っていたりすることが多いのですが、光り方にはバラつきがあったり、製品として"ムラ"があることも多いです。

　たとえば、次の画像も、もとは白色LEDとして売っていたものですが、一個は黄色蛍光体がかぶさっておらず、青く光りました。
　ちょっと嬉しいレアものですね。

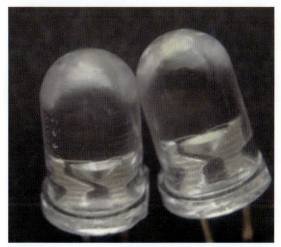

黄色蛍光体がないレアものLED（左）と、黄色蛍光体がある白LED（右）

第1章 光を使った実験

黄色蛍光体の秘密

では、この白色LEDの光を、CDやDVDの"キラキラ光る面"に当ててみましょう。p.60の「おてがる！分光器」があれば、それを使います。

青や黄緑や赤など、さまざまな色の光が伸びていると思います。

いろいろな色の光が現れる

しかし、先ほど白色LEDは、

> 青LEDが光ると、その刺激を受けた黄色蛍光体が黄色い色を出し、合わせて白色光となる

と説明しました。

それならば青と黄色の光が見えそうですが、どうして他の色の光も見えるのでしょうか。

＊

それは、黄色蛍光体に秘密があります。

黄色蛍光体は、黄色の光だけを出しているのではなく、もう少し広い範囲の赤や緑の光(波長)を出すことができます。

そのため、さまざまな色の光が含まれた太陽光や蛍光灯と比較しても、違和感のない白色光として使えるのです。

LED照明器具の中身はどうなっているのか

これまで、「LEDは点光源」だと説明してきました。
では、LED照明器具の中身はどうなっているのでしょうか。
大きなLEDが入っているのでしょうか。

そこで、**天井取り付けタイプ**や**電球タイプ**の製品などを分解してみましょう。

天井取り付けタイプ（左）と電球タイプ（右）

分解と言っても、天井取り付けタイプについては、枠を外すだけです。
　電球タイプは、丸い部分はプラスチックなので、"パカッ"と取れるものもあります。

とは言え、壊すのはもったいないので、以降の内容は読み進めるだけでもかまいません。

＊

分解したところが、次の写真です。
　どちらも、黄色い色をした粒々が見えます。

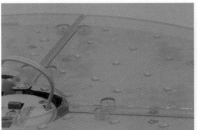

それぞれのタイプを分解したところ（右画像提供：torishin）

これが黄色蛍光体で、大きな天井取り付けタイプの場合は、たくさんの白色LEDが使われています。

一面に白色LEDが散りばめられている

また、なじみのある「蛍光灯」のように見せるために、内部が工夫されているものもあります。

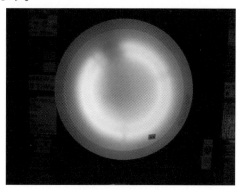

まるで蛍光灯のよう

＊

電気店には、たくさんの型や色や大きさのLED商品があります。

照明器具のコーナーでも、ラボになるようなネタを探してみてください。

参考サイト　https://omoshiro.home.blog/2012/03/17/led_4/

1-5　ピンホール投影機

Key Word　ピンホール、水晶体、網膜、カメラ

お菓子の箱とゴミ箱で作る投影機

「ピンホールカメラ」はご存知でしょうか。

　景色からの光を、「針穴」（ピンホール）のように小さな穴に通すことで、映像を映し出す（取り出す）装置です。

　一般的には、映像を取り出すには、感光紙などを使うのですが、今回はスクリーンに投影するところまでをラボしてみましょう。

＊

　スクリーンに映る像は、後の写真のように上下左右逆さまです。

　この原理は案外、簡単に想像できると思いますが、光の実験では、作図をするとさらに理解しやすくなります。

ピンホール投影機を作って観察

【用意するもの】

- お菓子の空き箱
  （3つ、1つは一回り小さいもの。外側になる2つは遮光性を上げるため内側が銀色のものが良い）
- プラスチックの黒いゴミ箱（2個、100円ショップなど）
- 虫メガネ（2つ、100円ショップなど）
- レジ袋（半透明の白いもの）
- キリ
- 黒いガムテープまたは、アルミテープ（遮光性を上げるため）

● お菓子ピンホール投影機

[1] 外側になるお菓子の空き箱の一つの底に、虫メガネの大きさの穴を空けて、虫メガネを取れないように黒いガムテープなどで貼り付ける。

[2] 外側になるお菓子の空き箱の一つの底に、キリで穴を空ける。

[3] 内側になるお菓子の空き箱の底を抜き、レジ袋を"ピーン"と貼り付ける。

右の箱は内側となるので一回り小さい

[4] キリで穴をあけた空き箱[2]に、「レジ袋を貼った空き箱[3]」を重ねる。

[5] 空き箱の口のほうを目の近くにもってきて、レジ袋を貼った空き箱を手前に引きながら、ピントが合うところを見つけて、観察する。
　　レジ袋に、ぼんやりとした像が映り込みます（あまりクリアではありません）。

　「虫眼鏡を付けた空き箱[1]」に、「レジ袋を貼った空き箱[3]」を重ねて、ピントを合わせて観察する。

右上の口から観察する

[1-5] ピンホール投影機

ハッキリとした像が見えます。

● ゴミ箱ピンホール投影機

[1] 黒いゴミ箱の底をカッターなどで抜き、スクリーンになるようにレジ袋を"ピーン"と張った状態で貼り付ける。

[2] もう1つのごみ箱の底の中央に、レンズになる虫メガネの大きさに穴を空けて、虫メガネが取れないように、外側から貼り付ける。

[3] レンズのゴミ箱にスクリーンのゴミ箱を重ねて、観察する。

完成したごみ箱ピンホール投影機

以上のラボは、以下の**学研キッズネット**のサイトを参考にしたものです。
https://kids.gakken.co.jp/jiyuu/category/try/100yen-028/

＊

ピンホール投影機の実験では、上記のゴミ箱もそうですが、黒いものを使うことがあります。

目的は暗くするためなのですが、たとえば、これが紙コップの場合は、黒い紙などを貼ったりする必要が出てくるため、少し面倒です。

そこで、今回のラボでは、「内側が銀色のお菓子の容器」を使いました。

内側の銀色の膜は、お菓子を長持ちさせるために、酸素を通さないように貼ってあるものです。
これを使って暗くすることも可能なので、お手軽にピンホール投影機を作ることができました。

どうして、上下左右逆さまになるのか

外の景色が、ピンホールを通してスクリーンに映りましたが、映った像は、上下左右逆さまです。
どうして、このようになるのでしょうか。

＊

次の写真を見てください。

赤(右上)や青(左上)の方向から来た光は、ピンホールを通ると下側に向かって広がります。

そのため、上下左右逆さまになるのです。

右上から来た光は、ピンホールを通って、左下に向かって広がる

では、レンズを通すとどうして、像がハッキリと見えるようになるのでしょうか。

＊

今回のラボでは、レンズとして虫メガネを使いましたが、この虫メガネで光を集める実験をやったことがある人は、多いと思います。

光を集めると、とても明るくなって、紙が焦げたりします。

虫メガネのようなレンズは、「凸レンズ」と呼ばれていますが、凸レンズは、"光を集める"という性質をもっています（**p.72**参照）。

次の図を見てください。

左はピンホール、右は凸レンズを使って、光を集めた様子を描いています。

凸レンズのほうが、より多くの光を集めているのが分かります。
このおかげで、像がハッキリと見えるようになるのです。

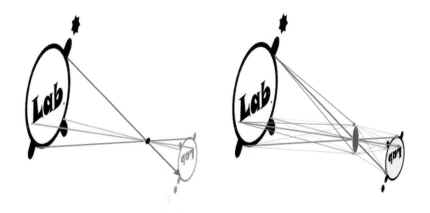

ピンホール（左）と凸レンズ（右）で光を集める様子

ピンホール投影機と同じ仕組みのもの

　これまでラボしてきたピンホール投影機は、実はカメラの仕組みと同じなのです。

　ピンホール投影機では、レンズを通った光をスクリーンに映し出しました。それを、カメラでは感光材料であるフィルムやセンサに記憶させています。

　さらに、同じことは人間についても言えます。
　カメラのレンズは、人間では目の水晶体で、そこを通った光を、スクリーンである網膜に投影しているのです。

　網膜に映し出された像は、ピンホール投影機と同様に、上下左右逆さまなのですが、脳で反転させているのです。

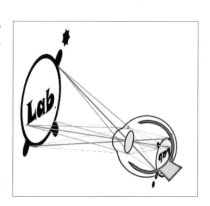

人間の目（右）でも同じ現象が起きている

　水晶体は、厚さ約4mm、直径は約9mmくらいだそうです。

　ピンホール投影機でスクリーンに像を映し出すとき、スクリーンを動かして、像がキレイに出るようにピントを合わせましたが、水晶体のまわりには水晶体を支えるものや筋肉があって、それを使って厚くしたり薄くしたりして、ピントを合わせています。

　年をとってくると水晶体が硬くなってくるので、うまく調節できなくなり、見えにくくなるようです。

参考サイト　https://omoshiro.home.blog/2012/06/19/20120618/

1-6 半分鏡（ハーフミラー）

Key Word ハーフミラー、鏡、反射

夜に窓を見てみると……

　夜、明るい部屋で窓越しに外を見ると、ガラス窓には部屋の中がくっきりと映し出されています。

　まるで、ガラスが鏡になったようです。

夜に窓を見ると、鏡のように部屋の様子が映り込む

　これは、窓に部屋の光が反射しているために起こる現象ですが、これは外が明るいお昼にも起こっているはずです。

　では、なぜ夜にだけこういったことが起こるのでしょうか。

　それは、外が暗くなると、外からの光（透過光）がほとんどなくなり、中からの光（反射光）がより見えやすくなるからです。

　このように、半分だけ鏡のように感じる現象は、ハーフミラー（マジックミラー）というもので、作り出すことができます。
　刑事ドラマなんかでよく見る、取調室の鏡がそうです。
　ここでは、ハーフミラーを使って、無限鏡というものを作ってみましょう。

第1章 光を使った実験

Lab 無限鏡作り

【用意するもの】

- ハーフミラー：ホームセンターで購入できるが、今回は携帯の鏡面になる保護フィルム（ダイソーで購入可）を使用
- ミラーシート：セリアで購入可（鏡でも代用可）
- ライト：あかるいもの。今回は、ダイソーのフルカラーライトを使用
- 箱

今回使ったミラー風シートとハーフミラー（携帯のフィルム）と箱

フルカラーライト

　前準備として、ぺらぺらしたハーフミラーを使う場合は、硬い透明なプラスチックの板などに貼っておきます。携帯の鏡面になる保護フィルムを使う場合は、べたべたした面に、透明なフィルムを貼っておきます。作り方は、簡単バージョンとボックスバージョンの2つの方法があります。それぞれ見ていきましょう。

[1-6] 半分鏡（ハーフミラー）

●簡単バージョン
「鏡またはミラーシート」→「ライト」→「ハーフミラー」の順でセット。

ライトを点灯して、観察してみましょう。
ハーフミラー越しに、ライトが無限に続くように見えます。
ハーフミラーを少しゆがめると、無限のライトも歪みます。

いくつものライトが映り込む

第1章 光を使った実験

●ボックスバージョン

[1] カットできるハーフミラーは、箱を覆うくらいの大きさにカット。

[2] 箱の底に、鏡を貼る。

[3] ライトをセット。

[4] [1]を、箱の上に貼り付ける。

中にグッズを入れるとそのグッズもたくさん見える

　箱の中は暗いので、ハーフミラーには、箱の中が反射して写り、ちょうど2枚の鏡に挟まれたような状態になります。

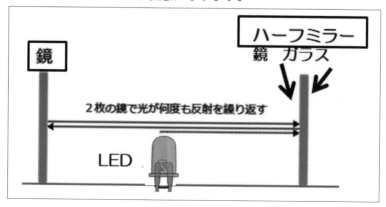

箱の中の状態

簡単バージョンと比べて、ボックスバージョンは、暗い箱に入っているので、とても明るくきれいに見えるのではないでしょうか。

合わせ鏡のような状態になる

最近は、LEDを使ったテープライトが安価に手に入ります。グルグル巻いて入れるだけで、ちょっとふしぎな宇宙基地みたいなボックスが作れます。

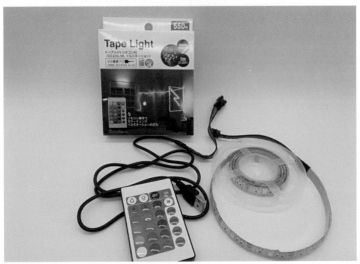

ダイソーのテープライト

ボックスにテープライトを入れて観察

きれいに貼ると、こんなボックスになります。

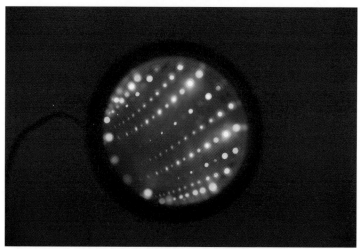

ハーフミラーとは

そもそも、「ハーフミラー」とはどんなものでしょう。

まずは、鏡の作り方から説明しましょう。
＊
鏡には、いくつかの作り方があるのですが、その１つにガラスに金属を吹き付けて作るという方法があります。

そういった方法で作られた鏡の裏を紙やすりでこすると、金属が取れてガラスに戻り、向こう側が透けて見えるようになります。

金属が取れた部分は、ただのガラスになる

ハーフミラーは、金属を"うっすら"吹き付けて作っていると思えばいいです。

その用途によって、吹き付けの具合を変えているのです。
＊
また、ハーフミラーは、明るいほうから見ると鏡のように、暗いほうから見るとガラスのように感じます。

これはどうしてでしょう。
次の図を見てください。

暗いところにいるハカセにも、明るいところにいる男の子にも、ハーフミラー越しに、それぞれの様子（光）は、①、②の光として届いています。

大ざっぱにですが、明るい部屋の光を1とすると、①は1/4、②は1/2となり、ハカセから男の子のほうへの光は、弱くなります。

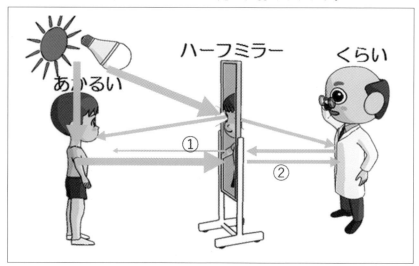

明るいほう、暗いほうから見た違い

さらに、明るいところにいる男の子には、①のほかに、太陽や照明など、もっと強い光も届いています。

そのため、ハーフミラー越しのハカセの様子は、さらに見えにくくなっているのです。

『身近なもので楽しむ！おもしろ！ふしぎ？科学実験室』（工学社）も、参照してください。

参考サイト　https://omoshiro.home.blog/2015/04/26/post_364/

1-7　お菓子の袋で全反射

Key Word　全反射、透過、屈折

中身が見えるお菓子を、鏡のように

　たとえば、おせんべいやウェハースのような中身が見える袋に入っているお菓子や、透明なフィルムに入っているお菓子。

　こういったお菓子を、袋やフィルムごと、水が入ったカップに入れたら、どうなるでしょうか。

　上のほうから見ると……なんと次の写真の左側のように、中のお菓子が消えたように見えます。

　見えなくなった部分は"キラキラ"して、まるで「鏡」のようです。

右は水なし。水ありの左は中身が消え鏡のように見える

　もちろん、お菓子が消えたわけではなく、キラキラしている部分は、どこかが映り込んでいるのです。

　この現象は全反射と言うもので、日常でもよく起こっていることです。

＊

　では、さっそくお菓子を用意して、光の道筋についてラボしてみましょう。

第1章 光を使った実験

お菓子の袋を水につけて観察

【用意するもの】

```
水を入れるカップ(透明なもの)
ジッパー付きの袋
ジッパー付きの袋に入るくらいの紙(色付きのもの)
色ペン
油性マジック
中身が見える小分けお菓子やフィルムで保護されたお菓子
```

[1] 水が入ったカップに、お菓子を沈めて、上のほうから見る。
　　水に浸かったお菓子の部分が見えなくなり、その部分が鏡のようになります。

　　近くにものを置くと、鏡のように映すこともできます。
　　小分けお菓子より、四角い箱のお菓子のほうが、観察しやすいです。

鏡のようになる

[2] 紙に好きな絵を描き、色も塗る。

紙に好きな絵を描く

[3] 絵を描いた紙をジッパー付きの袋に入れて、輪郭を油性ペンでなぞる。

絵を写しとる(紙は入れたままにしておく)

[4] 絵を袋に入れて、水が入ったカップに沈めて観察する。
　上の方から見ると、水に浸かった部分は、ジッパーの中の紙ごと塗り絵が見えなくなります。

　紙には色がついていたはずですが、その色も消えて、全体がキラキラしています。ちょっとした手品のようですね。

袋の中の紙が消えてなくなったように見える

＊

　手品で終わらせるのはもったいないので、もう少し深めて、光がどのように進んでいるのかを探ってみましょう。

第1章　光を使った実験

光はどう進んでいるのか

　よくある「全反射」の例は、水槽を下から見上げたら金魚が上に写っているという現象です。

　空気中では、光はまっすぐに進みます。

　では、次の図のような全反射の例の場合、金魚からの光は、どのように男の子に届いているのでしょうか。

金魚からの光は、どう届いているのか

　金魚がいるのは、水中です。

　つまり、水中からの光が空気中にいる男の子に届いています。

　光が水中から空気中に進むときの様子は、次の図の左のように、車輪の動きにたとえられることがあります。

　水中では進みにくい車輪も、空気中に出ると進みやすくなります。
　人間も、水中では歩く速度が遅くなりますが、空気中ではそれより早くなります。
　同じように、**図中①**の車輪の左側は、空気中に早く出るので先に速くなり、全体として右に曲がるのです。

まとめると、光は違う物質に進入するとき、速度が変わるので、**進む方向が曲がります(屈折、反射)**。

また、図の右のように、光が水中から水面に出るときは、光の一部は屈折し、残りは反射します。
(この図では、大ざっぱに解説しています)。

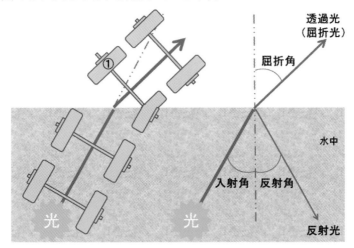

水中から空気中に光が出るときの、方向の変化
図:2007年7月Newton:光とは何か？参照

また、以下の図では、左端の光から順に入射角が大きくなっています。

入射角が小さい場合は、ほとんどの光は透過光になり、反射光はごくわずかです。

入射角が大きくなるにつれて、反射光の割合が大きくなり、逆に透過光の割合が小さくなります。

そして、入射角が**約48度**より大きいと、②のように透過光はなくなり、反射光だけになります。

すべての光が反射するのです。
これが**全反射**です。

第1章　光を使った実験

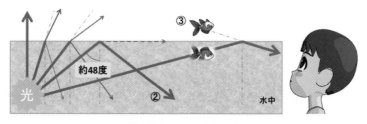

透過光と反射光の関係性

　人間は、光はまっすぐ進んでくると思っているため、光が来る方向に物体があると認識します。

　そのため、水中の金魚は、③の位置にいるように認識するのです。

お菓子の箱やジッパーの中の絵が消える理由

　では、お菓子の箱が全反射した理由を考えてみましょう。

　先ほどの金魚の原理が分かれば、とても簡単です。

　金魚の作図を、90度回転してみてください。

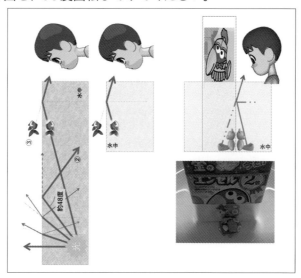

先ほどの図を90度回転すると、お菓子の箱の状況も見えてくる

お菓子の箱は、フィルムに覆われています。
　そのため、お菓子の箱と水の間には空気の層が出来ていて、水中からの光は、その空気の層を通るために全反射を起こします。

　前ページの図のように、お菓子の箱の前に置いた人形は、水面とともに箱に写りこんで、まるで鏡のように見えているのです。

　このように、フィルムの間の薄い空気の層のようなところでも、全反射は起こり得ます。

＊

　次の写真は、撥水加工をしたトレー(左)としていないトレー(右)を、水の中に入れたものです。

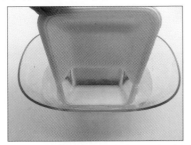 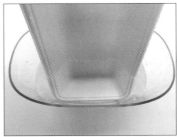

撥水加工をしたトレーは、水に浸かった部分が銀色に見える

　撥水効果が高いということは、トレーの表面に空気がまとわりついているということです。

　そのため、トレーと水の間に空気の層ができ、水中では、キラキラ輝いて見えます。

＊

　また、次の写真は、「クロロウバイの枝」を水に入れたものです。

　枝が水をはじいて、全反射している様子が分かります。

枝の周りに空気の層が出来ている

本当に全反射＝鏡なのか

全反射の現象では、『キラキラして、鏡のようです』という表現がよく見受けられます。

でも、ほんとうに鏡のようになっているのでしょうか。

鏡は、ほとんどの光を跳ね返すことができます。

それであれば、いままでの解説にあった、全反射で見えているものは、いったい何なのでしょうか。

きっと、どこかが映り込んでいるのです。

クロロウバイの枝もキラキラしていますが、よく見ると銀色で鏡というわけではありません。

おそらく、周りの白いカップが映り込んでいると考えられますが、もしカップが赤い色だったら赤くなるのでしょうか。

＊

では、どのように鏡のように映り込んでいるのか、ラボしてみましょう。

【1-7】 お菓子の袋で全反射

【用意するもの】

四角い透明容器（2個、ダイソーなど）
容器の底と同じ大きさの格子が書かれた紙（なければ適当な格子を描く）
絵がついたコースター（1個）

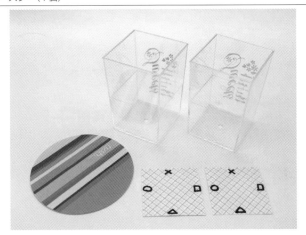

ラボで使うもの

このラボでは、丸いカップではなく、四角い透明容器を使っています。

これは、面で考えることができ、光の道筋が観察しやすいからです。

[1] 容器をそれぞれ格子の上に置き、1つの容器に半分ほど水を入れて、斜め上から観察する。
　　次の写真左は水が入ってないカップ、右は水が入っているカップです。

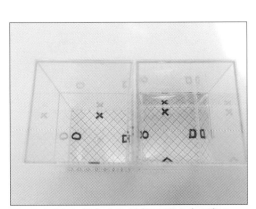

水のなし（左）、あり（右）での見え方の違い

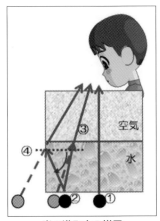

光の進み方の様子

第1章 光を使った実験

斜め上から見ると、水が入ったカップでは×マーク**(右図②)**からの光は、屈折して向きが変わる光**(右図③)**もあれば、全反射して側面から出ることができず、向きが変わる光**(右図④)**もあります。

人間は、光はまっすぐ進んできていると感じるので、向きが変わったときは変わった先のほうに、対象のものがあるように思います。

だから、点線の先に格子や×マークがあると感じるのです。

＊

もう少しよく見てみましょう。

水がない、左の容器に写り込んだ×マークは反射光ですが、ある程度、容器の向こう側に透過光として出ていっています。
そのため、そのぶんだけ×マークは薄く見えづらく感じます。

水がある右の容器に写りこんだ×マークは、全反射による光です。
全反射なので、容器の向こう側にいく透過光はありません。

つまり、×マークからの容器に当たった光がすべて届くので、明るくクリアに感じるのです。

これが、全反射で届いた光が、『キラキラして、鏡のようです』と表現される理由でしょう。

[2] 水を入れた容器を、絵がついたコースターの上に置く。
次の写真のようになります。いろいろな部分が映り込んでいます。

水を入れた容器を、コースターの上に置いた様子

ちなみに、容器を指で持ち上げると、その指が見えたり見えなかったりすることがあります。

見える人は指が"しっとりしている人"、見えない人は指が"乾燥している人"です。

　この理由が分かるでしょうか。

　答は、指が"乾燥している人"は、容器と指の間に空気の層ができて、指からの光が、全反射して届かないからです。

＊

ぜひ、実際にラボして、いろいろな方向から観察してみてください。

参考サイト　https://omoshiro.home.blog/2022/07/06/チャック袋の絵が消える実験全反射/

1-8 おてがる！分光器で光を観察

Key Word スペクトル・プリズム・分光シート・分光器・近点距離

　皆さんの周りには、いろいろな光がありますね。この書籍の中でも、いろいろな光のラボを紹介しています。

　せっかくなので、その光が、どのようになっているのか観察できる装置「分光器」を、ご紹介しようと思います。
　分光器とは、とっても簡単に言うと、『どんな光（スペクトル）を出しているかを見つける装置』です。

スペクトルとは

　1666年頃、ニュートンは太陽光（白色光）をプリズムに通すと、虹のような連続した光の帯が現われることを発見しました。これは、太陽光がプリズムで屈折し、いろいろな色の光に分かれたからです。ニュートンはこの連続した光の帯のことをスペクトルと名付けました。

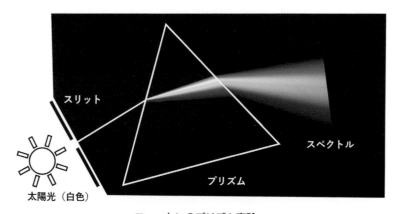

ニュートンのプリズム実験

　ニュートンは、プリズムを使って、スペクトルを取り出しましたが、「おてがる！分光器」は、分光シートを使ってスペクトルを取り出します。
　分光シートは、透明なフィルムに細い筋があり、その筋をとおると光の回折と干渉により、スペクトルが現われるのです。

[1-8] おてがる！

おてがる！分光器（左）と、福井大学簡易分光器（右）

おてがる！分光器

簡易分光器の工作をしたことがある方もいらっしゃるかもしれませんね。

この工作、黒い箱を用意したり、スリットを作ったりと、「案外面倒だな〜」と、筆者は思っています。

そこで、今回は、いわゆる簡易分光器よりももっと簡単な「おてがる！分光器」です。簡単に作って、いろいろな光を観察してみましょう！

まずは、「おてがる！分光器」の工作です。

【用意するもの】
- ・分光シート：2.5×2.5cmほど；ネットや著者WEBサイトで購入可
- ・紙コップ2個：375mL；ダイソーで購入可
- ・緩衝シート：5×30cmほど；冷凍食品などを包む薄いフィルム。伸びる方を30cmにする
- ・黒工作用紙：20×20cmほど；黒折り紙をはり合わせても可
- ・黒マジック

右下の光っているフィルムが分光シート（画像のものは10×10cm）

[1] 紙コップの底(内と外)を黒マジックで塗る。底のフチも黒く塗る。
　一つはカッターで筋を入れ、もう一つは1.5cmほどの四角にカットし、分光シートをセロハンテープで貼る。

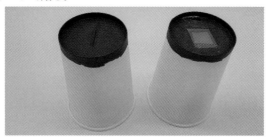

セロハンテープは、開けた四角にかからないように気を付ける

[2] コップを2個合わせた長さ(今回は20cmにしている)になるようにカットした黒工作用紙を筒状に丸めコップに入れ、コップの底の円周と同じ太さにして、セロハンテープでとめ、もう一つのコップを下右の画像のように重ねてみる。

今回の工作用紙は、20cmにしていたが、5mmほど長かったようで隙間が空いた(右図)

[3] 長かった5mmをはさみでカットし、再度筒状にし、コップに入れる。

[4] 緩衝シートを伸ばしながらコップの口の部分に巻き付ける。

緩衝シートは、伸ばしながら止める

[5] [3]を持ち、上下のコップがクルクル回るか確認する。
　回りにくい時は、引っかかるところがないか確認して、黒工作用紙を止めなおしたりすると良い。

クルクル回ればOK。

　さっそく、いろいろな光を観察してみましょう。ただし、太陽光を直接見てはいけません。

🧪 おてがる！分光器で観察（1）

まずは、室内の電灯がどのような光を出しているか、ラボしてみましょう。

分光シートをはった方から、電灯などを観察

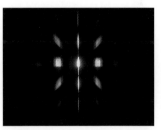

電灯に向けると、白い光もいろいろな色の光（スペクトル）に見える

　くるくる回し、スペクトルが良く見えるように調整します。
　光が細くて見えにくいときは、カッターの切り口が細いためなので、切り口につまようじを入れ、少し広げます。広げすぎて、カットした部分が爪楊枝の差し込み方で凸凹にならないように、気を付けます。

第1章　光を使った実験

確認しながら広げること

　下画像は、色味は違いますが、電球・蛍光灯・LEDの光を観察した様子です。

 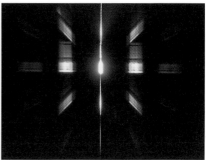

電球：スペクトルが連続している

 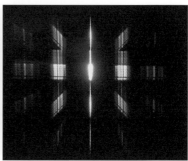

蛍光灯：スペクトルがはっきりくっきりしている

[1-8] おてがる！

 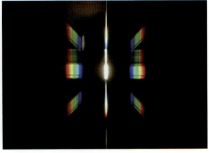

LED：どちらかというと電球に似ている

　同じように白く見える電灯も、「おてがる！分光器」を使うと、電灯によってどのようなスペクトルを出しているかわかります。光る仕組み・白色光を出すための光の色の使い方などがわかるのです。LEDについては、**p.19**も確認してください。

　太陽光・ロウソクは、下記のように見えます。

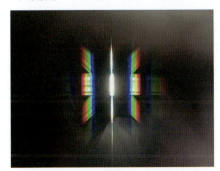 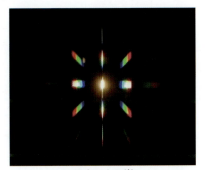

太陽　　　　　　　　　　　　　　ロウソクの炎

第1章 光を使った実験

Lab おてがる！分光器で観察（2）

最近は、ダイソーなどでも、フルカラー（いろいろな色の光）のライトがお安く購入できます。

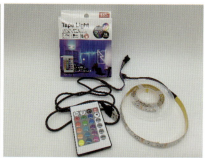

左：白い部分が光るフルカラーライト；330円
右：テープ状に光るフルカラーライト：550円

フルカラーライト

フルカラーライトとは、一般的には、上記画像のようなもので、赤緑青LEDを使ってシアン・マゼンタ・黄色・白の光を出すライトです。制御することで、光の出し方も工夫できます。仕様によっては、別に白LEDを備えたものもあるようです。

フルカラーライトに使われている赤緑青LEDは、単色光に近いスペクトルを持っています。

このライトと「おてがる！分光器」を使って、元のライトの色と人間の視覚のふしぎについて、確認ラボをしてみましょう。

ちなみに、赤緑青LEDを使って、シアン・マゼンタ・黄色の光を作り出す実験は、p.19で紹介しています。

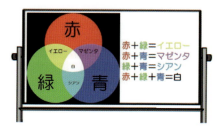

赤緑青の光から、シアン・マゼンタ・黄色・白の光を作り出すことができる

【1-8】おてがる！

【用意するもの】
・おてがる！分光器
・フルカラーのライト：ダイソーなどで購入可：今回は上画像左のものを使った

　たとえば、黄色・マゼンタ・シアン・白を点灯させ、「おてがる！分光器」で、観察

 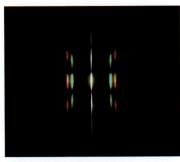

黄色い色の光は、「おてがる！分光器」では、赤と緑に見える

 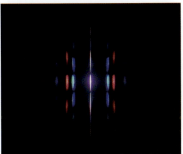

マゼンタ色の光は、「おてがる！分光器」では、赤と青に見える

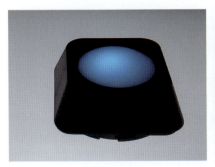 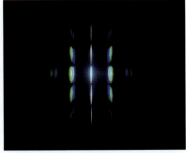

シアンの色の光は、「おてがる！分光器」では、青と緑に見える

第1章　光を使った実験

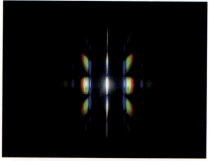

白の光は、「おてがる！分光器」では、赤と緑と青に見える

　今回のラボでは、人間の目で見たときに感じる色の光[たとえば黄色]は、「おてがる！分光器」を使って確認できたスペクトル[たとえば赤と緑]とは、違うことがわかりました。

　これは、人間の色覚に関係しています。p.19で解説しているので、合わせて見て、ラボを深めてください。

　白色光は、赤緑青の3つの光を合わせて作り出していましたが、赤緑青の光の強さを変えてさまざまな光を再現しているのが、テレビなのです。

おてがる！分光器でこだわったこと・注意すること

　おてがる！分光器は、通常の分光器工作より、簡単にできることにこだわって紹介していますが、分光器を工作するうえで、外せない点はいくつかあります。

　たとえば、

①スリットはできるだけ細くする
②内部は暗く、光が反射しないようにする
③分光器の長さは、20cm程はほしい

などです。

　特に、③の20cmですが、これは人がモノを見たときにピントが合う距離（近点距離）が20cmくらいと考え、それをもとに、今回の紙コップ(375mL)を選定しました。コップを合わせると、約20cmです。

　ただ、この20cmは、お子さんだと充分なのですが、お年を召してくるといわゆる老眼となり、もっと距離が必要になるかもしれませんね。

そのときは、ラップの芯などを使って長くしてもいいかもしれません。紙コップの底は、案外強いので、スリットを作ってもよれがありませんが、ラップの芯にスリットを付けるときは、工夫が必要になり、回転させるためには、もう一工夫必要になりますね。

注意する点は、

①観察物は、なるべく、ほかからの影響を受けないようにする
②太陽光は直接見てはいけない

などです。

①についてですが、今回は、フルカラーライトの上の白いプラスチックをそのまま観察しました。目で何色かを観察するときは、ライトからの光が直接目に入らず、観察※できた方がいいので、白いプラスチックがあったほうがいいです。ただ、スペクトルを「おてがる！分光器」で観察するときには、そのライトの光だけを直接観察すべきです。ライトの光が白いプラスチックに反射されたりして影響されるといけないからです。

下画像のように、白いプラスチックの部分を分解して取ってから、観察するといいです。

分解し、直接光る部分が見えるようにしたライト

白いプラスチックを取ると光源がとても小さくなるので、しっかりスリットを光源に合わせて、観察してください。

※ p.120の光のジュースの実験で、たとえば『赤緑のLEDを直接見るのではなく、白い紙コップに入れて横から観察すると、黄色に見える』という観察は、白いプラスチック越しに見ることと同じです。

②についてですが、太陽光を観察する場合は、窓越しの光などに、「おてがる！分光器」を向けて観察するといいです。

太陽光の観察をすると、電灯などと比べてずいぶん弱いように思うかもしれません。

太陽のエネルギー自体は電灯とは比べ物にならないほど強大です。しかし、「おてがる！分光器」を使った観察では、大気や装置の構造、観察条件の違いなどにより、太陽光が相対的に弱く見えているのです。太陽からは、膨大なエネルギーが出ていますが、地球から約1億5千万kmも離れているため、エネルギーは広がり、「おてがる！分光器」に入る光の量は、ほんの少しになるのです。

「おてがる！分光器」を使わない大雑把なスペクトルの観察になりますが、CDと白いプラスチックがついたままのフルカラーのライトでは、こんな様子が撮影できました。

　　シアン　　　　　　　マゼンタ　　　　　　　白

CDには、データを記憶するために表面に、非常に細かい溝が均一な間隔で刻まれています。この溝が分光シートと同じ働きをして、スペクトルを観察することができます。

スリットを通さず、上記のように観察すると、光量も多くきれいですね。「無理してスリットをいれなくてもいいのでは？」と思いませんか？

しかし、科学的には、スリットの必要性は大きいです。次の画像は、スリットなしに分光シートだけで電球型のLEDを観察したものです。

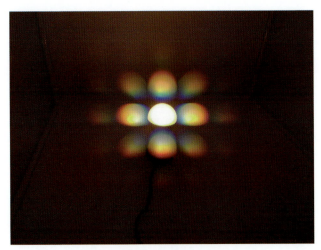

たくさんの光が見えている

　複数の角度からの光が混ざり合い正確に観測することができていません。スリットを通すことで、光が細い直線状で「おてがる！分光器」に入るため、スペクトルがシャープで鮮明に見えてきます。

　いくつか観測する場合には、スリットを通せば、同じ条件にすることもできますね。他にもあると思いますので、まずは、「おてがる！分光器」を工作して、分光器の概要を抑え、光のラボを深めていってください。

　本書では、赤・緑・青LEDを使った実験を紹介しています。もしそういったLEDを持ち合わせていらっしゃったら、ぜひ、「おてがる！分光器」で、観察してみてください。

参考サイト　https://omoshiro.home.blog/2015/02/23/post_360/

1-9 ボトルレンズでいろいろ観察

Key Word 凸レンズ・凹レンズ・屈折・全反射・焦点

見え方のふしぎ

ジュースの中のストローや水槽の金魚が、ふしぎに見えたことはありませんか？

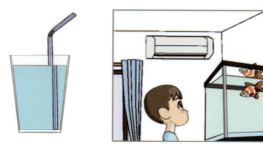

ストローや水槽の金魚のふしぎな見え方

それは、「光が空気中から水など違うものに進むときに（進入角度によっては）曲がる」という性質があるからです。

これは、異なる物質間でおこるので、空気とレンズでもおこります。虫めがね（凸レンズ）で、モノが大きく見えたり、光を集めたりすることができるのは、そういった性質を利用しています。

ボトルに水を入れた『ボトルレンズ』を使って、モノの見え方をラボしてみましょう。

【用意するもの】

- 筒状の透明ボトル：35mLくらいのもの2本：ダイソーのハンドメードコーナーなどで購入可・使い分ければ1本でよい
- 観察用の新聞や雑誌
- シール：1個
- イラスト：**p.76**にある
- 透明ビー玉（あれば）：1個

事前の準備として、以下の作業を行ないます。

ボトル2個に水を入れふたをする。1本は、空気（気泡）がないように水を入れ、シールを貼る。もう1本は、画像ほどの気泡が入るようにする。

[1-9] ボトルレンズでいろいろ観察

上:シールを貼ったボトルA　下:気泡が入ったボトルB

「ラボ」は、以下の手順で行なってください。

 ボトルレンズで観察（１）

[1] ボトルAを図のように持って、見えるシールの大きさを観察
[2] くるんと回し、向こうに見えるシールの大きさを観察

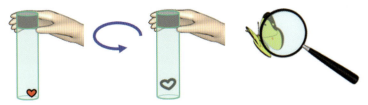

向こうに見えるシールは、大きく見える

　向こうに見えるシールは大きく見えます。まるで、虫めがねでモノを見たときのように、向こう側のシールが大きく見えたのです。

虫眼鏡でモノが大きく見える理由

　光はまっすぐ進みますが、空気中から水やレンズなど違うものに進むときには、曲がる性質があります。
　①にいるチョウからの光は、虫めがねのような膨らんだ凸レンズでは、内側に曲がり目に届きます（実線）。

虫眼鏡で見たときのモノの見え方

73

人間は光はまっすぐ進んでくると思うので、実線の延長線上にチョウがいると思い、大きく感じるのです。
　虫めがね(凸レンズ)で、モノが大きく見えたり、光を集めたりすることができるのは、そういった性質からです。
　ボトルは上から見ると丸い膨らんだ形をしているので、凸レンズと同じ働きをします。だから、虫めがねのように向こう側のシールが大きく見えたのです。

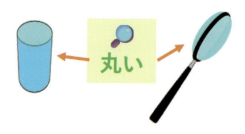

ボトルは、上から見ると、虫眼鏡と同じく丸い

　ただし、よく観察するとこのシール、横にだけ大きく広がっているように感じませんか？

ハートのシールが横に広がって見える

　もう少し深めてみましょう。

[1-9] ボトルレンズでいろいろ観察

🧪 ボトルレンズで観察（２）

　下画像のように、新聞や雑誌の上にボトルAを置き、見える文字などを観察。

新聞の上に置いたボトルA

　ボトルAを通して見える文字の方が大きく見えますが、よく観察すると、縦方向のみ大きくのびているように見えます。

ボトルレンズと虫メガネの違い

　ボトルの向こう側のものは、観察(1)では横に、観察(2)では縦に、大きく感じます。

　前ページで、『ボトルは膨らんでいるので虫めがねと同じ働きをする』と書きましたが、凸レンズと同じなら縦にも横にも全体が大きく見えるはずですが、そうではありません。もうお分かりかもしれませんが、違いがおこったのはボトルの向きによるものです。

　下図①のように見ると、膨らんでいるのは縦方向。だから縦が大きく

　下図②のように見ると、膨らんでいるのは横方向。だから横が大きくなるのです。

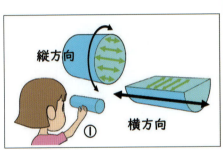 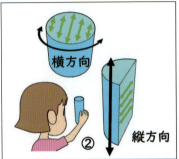

向きで大きくなる方向が変わる

75

第1章　光を使った実験

ここまででわかったように、水が入ったこのボトルは、凸レンズと同じ働きはできません。

でもそれを理解したうえで、水が入った『ボトルレンズ』を使うと、ちょっとおもしろい観察ができ、凸レンズと凹レンズでの光の道筋を考える手助けになります。

さっそく「ボトルレンズ」でラボを進めて、レンズのふしぎをさぐってみましょう！

ボトルBには、水の他にも、気泡がありますよ！

 ボトルレンズで観察（３）

Bの気泡があるボトルレンズを、次のイラストにぴったりくっつけたときと、離したときとで、イラストがどのように見えるか、観察してみましょう。

[1]ボトルBをイラストにぴったりくっつけ、大きさや向きを観察

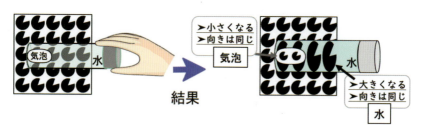

　▶【イラストの大きさ】水が入っている部分では大きく、気泡の部分では小さく見える
　　▶【イラストの向き】水でも気泡でも、変わらない

[2] ボトルを上にあげ、上から向きを観察

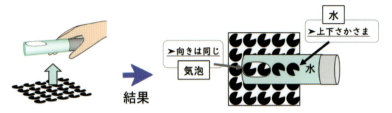

▶【イラストの向き】水が入っている部分では上下さかさま、気泡の部分では変わらない

これらの変化は、どうして起こったのでしょうか？
今回の観察には、下記のような違いがありました。

①観察した場所が、水か、気泡か
②観察したモノまでの距離が、近くか、遠く（ボトルを上にあげた）か

その違いにより、大きさや向きに変化がおこりました。その理由を考えてみましょう。

変化の理由を考えよう　①観察した場所が、水か、気泡か

水が入っている部分は、凸レンズの働きをしているのはこれまでのラボの通りです。

では、気泡で見たときには、どうなっているのでしょうか？

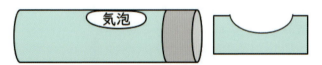

気泡の部分は空気なので、簡易的には図右のようになっている

気泡がある部分は水がなく、上図右のように、凹レンズのような形になっています。気泡を通して見るということは、凹レンズで見るということになるのです。

まとめると、『ボトルレンズの水を通して見ると、凸レンズを通して見たことに』『気泡を通して見ると、凹レンズを通して見たことに』なるのです。
ちなみに、凸レンズは光を集める働きが、凹レンズは光を広げる働きがあります。厚みが同じレンズの場合は、光は下右図のように、まっすぐ進みます。

第1章　光を使った実験

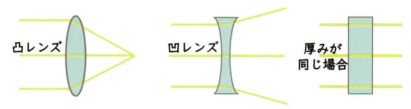

レンズの形状の違いによる光の進み方の違い

変化の理由を考えよう　②観察した場所が、近くか、遠く（ボトルを上にあげた）か

観察した場所が近くの時は、虫眼鏡で観察したときのように、イラストのマークは大きく向きは同じになりました。

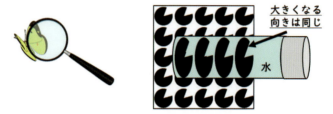

観察したときが近くの場合

近くと書きましたが、正確には、観察物が焦点より内側にある場合のことです。

焦点より内側に観察物があった場合、凸レンズでは、光は図のように進み、観察物は大きく向きは同じに見えるのです。

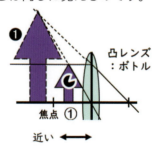

焦点より内側に物体があったとき、凸レンズで見ると❶に見える

次ページでは、ボトルレンズを通して見えた様子を、凸レンズと凹レンズを使った場合と合わせて図解してみました。

図では、観察物であるものを（①②③④⑤）とし、見えたものを（❶❷❸❹❺）としています。

図を見ると、◓がどうしてそのように見えたのかが、わかるのではないでしょうか？

　ちなみに、③④は、レンズからの距離が違う場合です。実際に、ボトルと紙の距離を変えたりして、観察してみてください。

　できた像は、その後目に届き、脳で処理されるのですが、そのあたりは書いていません。

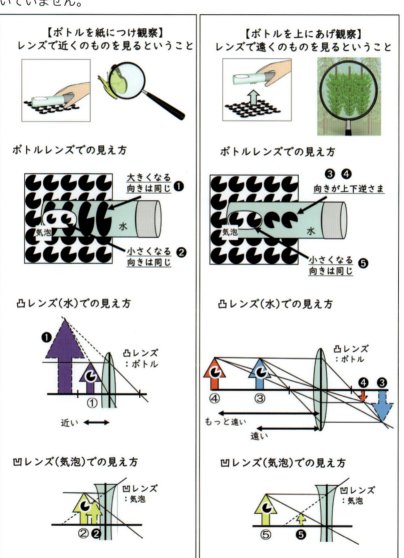

ボトルレンズで観察（４）

[1] ボトルBに、気泡の他に、透明なビー玉を入れ観察

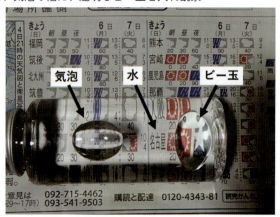

ビー玉と気泡があるボトルレンズ

普通にビー玉を通して文字をみると、文字は大きく見えます。それは、ビー玉は丸い形をしているので、凸レンズと同じ働きをし、文字が縦横全体に大きくなります。ボトルレンズにビー玉を入れて、画像のようにして観察した場合はどうでしょう？ビー玉で縦横拡大されたのち、ボトルレンズを通って目に光が届くので、全体として文字は、さらに縦に大きくなります。
そして、ビー玉そのものは、縦方向に長く楕円に見えているはずです。

[2] 折り紙の上にボトルBを立てて、底を観察

水が入ったボトルB（左）と、水がはいっていないボトル（右）

水が入っていないボトルは、そのまま折り紙が見えますが、ボトルBは、折り紙の色がないように感じます。
画像左は、水が入っていることで、光の道筋が変わり、全反射という現象がおこっています。全反射は、**p.49** に詳しく紹介しています。

今回は、ボトルレンズを使って観察を行ない、レンズについて考えてみました。ボトル状のレンズは、「ロッドレンズ」と言います。

前に書いたように、ボトルレンズで、凸レンズ凹レンズについて説明できるわけではないのですが、レンズについての導入として楽しんでいただけたのではないでしょうか？

もっと深めたいとお思いの方は、こちらのサイトが詳しいです。

光と色とTHE NEXT　https://opticaltale.blogspot.com/

どうぞ今回のラボと合わせて、レンズの扉を開いてみてください！

また、今回の実験は、NGKサイエンスサイトさんのサイトを参照している部分があります。

参考サイト　https://omoshiro.home.blog/2020/05/24/ボトルでレンズのふしぎ！/

1-10 合わせ鏡の作図ラボ

Key Word 鏡・正反射・合わせ鏡・虚像・作図・無限鏡

鏡は、光を規則正しく反射(正反射)すると言われます。

2枚の鏡を合わせた「合わせ鏡」で、モノがいくつ見えるかは簡単に想像つくかもしれませんが、作図してみると面白いことが分かります。

さっそく鏡を見ながら、この像(虚像)はどのように目に届いているのだろう？と試行錯誤してみましょう。

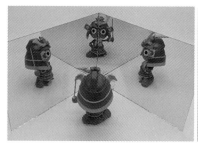

よくある100円ショップのミラーで観察

虚像とは、実際に光が集まってできる像ではなく、光の進み方を逆にたどって見えている像のことです。まさしく鏡に映ったモノは、虚像なのです。

【用意するもの】

- 四角い鏡：10×10cm程度 2枚；上画像右のような100円ショップのミラーの場合、外枠のプラスチック部分をハサミでカットすると1枚鏡として使える
- ピングッズ：左右がわかるような人形など；イラストでは赤いピンをつけている
- チェックシート：鏡を置いて使うので、次のものが使いにくい場合は、新しい紙にトレース(なぞって)してください

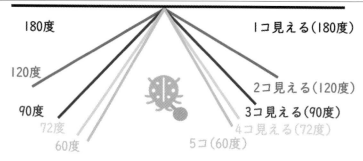

チェックシート：テントウムシのイラストのところに、ピングッズを配置する

[1] 鏡2枚を、ガムテープなどで貼り合わせる
　鏡で手を切らないように注意しながら、隙間がないように貼り合わせましょう。

[2] まずは、鏡をまっすぐにし、鏡の前に、ピングッズをおいて観察

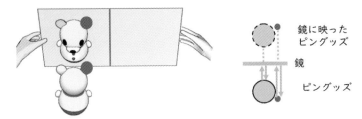

ピングッズのピンは、同じ方向に見える

　鏡は規則正しく光をはねかえします（正反射）。だから、ピンから出た光は鏡にあたり、そのまま同様に反射されます。人間は光はまっすぐ進んできていると思っているので、延長線上の鏡の奥のほう・同じ距離（点線）にグッズがあると感じます。

[3] 合わせ鏡にし、120・90・72・60度の場合、ピングッズがどのように見えるか観察
　それぞれの角度になるように、チェックシートの上に合わせ鏡をおき、ピングッズもセットし、観察します。

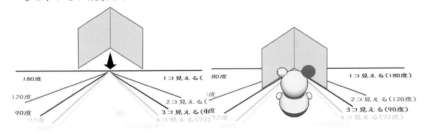

鏡は、きちんと線に合わせておく

　見えるピングッズの数は、それぞれの角度で、書いてある通りになっているでしょうか？
　たとえば、90度の場合は、このようになります。

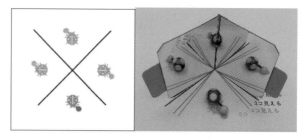

実物のモノと合わせて4個見える

　簡単に言うと、90度の場合「360度÷90度＝4」で、4個見えるということです。

　でも、奥に見えるピングッズ、鏡の合わせ目にかかって、きちんと1つが見えているわけではないようです。
　この理由を、作図しながら、解説してみましょう。

> 実際にラボしながら、作図と共に考えよう

●90度の場合
　まずは、それぞれの鏡に、ピングッズがどのように映るかを考えます。

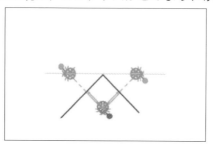

それぞれの鏡にピングッズ(ピンを付けたテントウムシ)が映った様子

　これだけでは、奥に見えるピングッズは、存在しないことになります。では、奥にあるピングッズは、どのように作図できるのでしょうか？

　実は、それぞれの鏡に、それぞれの鏡が虚像として映っているのを見過ごしていませんか？よく見てみましょう。鏡の端を指で持つと、分かりやすいかもしれません。

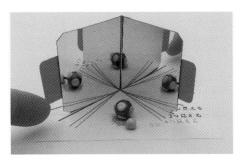

左の指が右奥に映ることで、虚像の鏡があることがわかる

　虚像の鏡の一つを、下図では点線（青）で描いてみました。実は、その虚像の鏡に、虚像のピングッズが映り、奥（上）のほうに見えるのです。

虚像の鏡一つへの、虚像のピングッズの映り方

　実はもう一つの鏡でも、同じことが起こっているので、次図左のようになります。

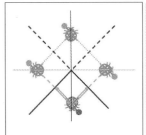
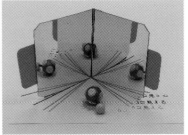

それぞれの虚像の鏡に、それぞれの虚像のピングッズが映っている

　実際に観察すると、奥に見えるピングッズは、半分半分に分かれているのがわかります。

簡単に、「90度の場合、360度÷90度＝4だから、4個に見える」としていましたが、案外、奥深くて面白いと思いませんか？

● 120度の場合

120度では、どうでしょう？
それぞれの鏡に映るのは、図のようになります。

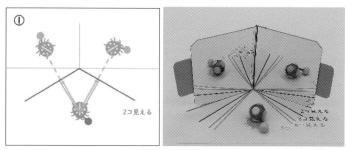

実際に見えている（右）のと同じ個数と向き

では、120度の場合、1つの鏡にもう1つの鏡が虚像として映らないのでしょうか？　実際正面からは見えませんが、顔を動かすと、奥に虚像の鏡は見えています。

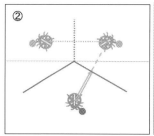
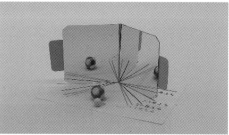

作図と顔を動かしてみたときの実際の画像

②の作図では、ピングッズは存在しそうですが、左上のピングッズの向きは①の作図とは違います。実際の観察でも、ピングッズの向きは①の作図の通りで、②ようには見えません。それは、奥の方を目で見た様子が、下の様になり、鏡のきわきわのところまで、目をもっていっても、ピングッズは、見えない範囲にあるからです。

【1-10】 合わせ鏡の作図ラボ

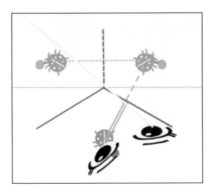

移動すると、この範囲では虚像の鏡は見えるが、ピングッズは見えない

　最後に紹介している筆者のサイトでは、この後の目に届く光の作図についても解説しています。是非合わせてご覧ください。

鏡までの距離の違いで、見える大きさは変わる？

　自分の顔を、近くの鏡で見たときと、少し離して見たときでは、見えている顔の大きさは変わるでしょうか？
　これまでのことを振り返って、よく考えてから、ラボしてみましょう。

　1枚の鏡を近くに持ち、鏡に映った自分の顔の眉の間と鼻先に、シールを貼ります。
　そのまま鏡を離していき、見え方が変わるか観察します。

距離が変わっても、見え方は変わらない

　近くても遠くても、見え方が変わることはありません。作図で解説したいところですが、次の疑問を考えてからにしましょう。

からだ全体が見えるための鏡の大きさは？

からだ全体を鏡で映すには、どのくらいの大きさの鏡がいるでしょうか？
答えは、からだの半分の大きさの鏡があれば、可能です。作図はこんな感じになります。何度も書くように、『鏡は、光を規則正しく反射（正反射）する・人間は光はまっすぐ進んでくると思う』ということがポイントです。

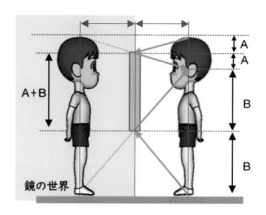

頭のてっぺんとつま先からの光が、鏡にどのように反射されるかを作図

図のように、身長の半分ほどの大きさの鏡があれば、全身を映すことができるのです。
先ほどの『鏡までの距離の違いで、見える大きさは変わる？』の疑問ですが、今回の作図を使ってこのような図を使うと、『近くても遠くても、見え方が変わることはない』というのが分かるのではないでしょうか。

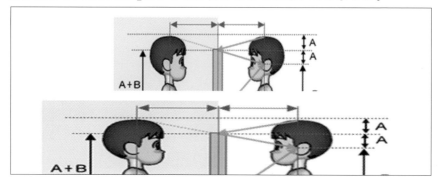

横方向にだけ引き延ばしても変わらない

無限鏡に映った物の大きさや明るさはどうなるの？

2枚の鏡を並行に置くと、無限鏡のようになり、中のピングッズはどこまでも続いているように感じますが、本当にどこまでも同じように続いているのでしょうか？

実際に観察すると、遠くのグッズは、少し見えにくく感じる

　鏡は、すべての光を反射しているわけではなく、少し光を吸収もしています。だから、奥の方に行くほど、ピングッズは暗くなっていきます。
　また、下図のように無限鏡を通して見えているモノ①②は、同じモノですが、②の方が奥にあるので①より小さくなります。それで、だんだん見え見えづらくなっていくのです。

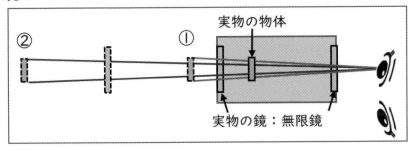

奥に行くほど、小さくなる

　ということで、無限鏡に映ったモノは、だんだん見えにくくなるのです。
　筆者のサイトでは、詳しい解説の他にも、いくつか工作などを紹介しています。併せて、ご覧ください。

参考サイト　https://omoshiro.home.blog/2023/09/28/『鏡のふしぎ』の実験教室の流れ/

第2章
一歩進んだ実験

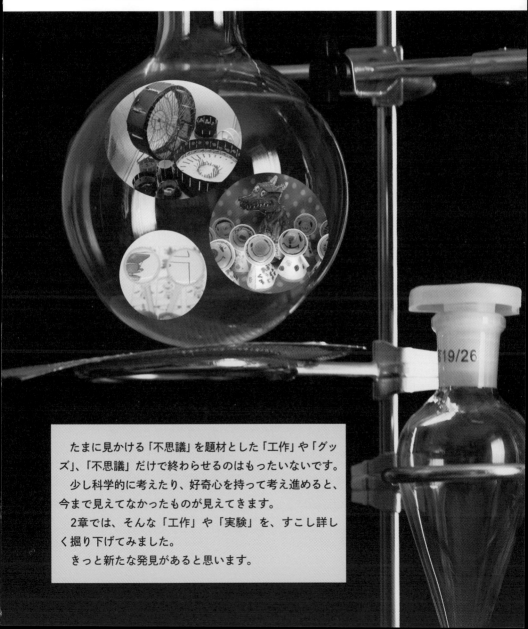

　たまに見かける「不思議」を題材とした「工作」や「グッズ」、「不思議」だけで終わらせるのはもったいないです。

　少し科学的に考えたり、好奇心を持って考え進めると、今まで見えてなかったものが見えてきます。

　2章では、そんな「工作」や「実験」を、すこし詳しく掘り下げてみました。

　きっと新たな発見があると思います。

2-1 簡単アニメマシン

Key Word ゾートロープ、スリット、ストロボライト、残像効果

丸い箱とスリットを使ってアニメを作る

ノートの切れ端に「パラパラ漫画」を描いたことはないでしょうか。

人間は、似たような静止画を次々に見せられると、まるで動いている（動画）ように感じます。

これが**「アニメーション」**の原理です。

*

次の写真の装置は「ゾートロープ」と呼ばれるものです。

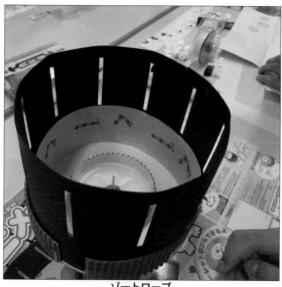

ゾートロープ

この装置ですが、よく観察するとふしぎなことが見つかります。
さっそく作って、不思議をラボしてみましょう。

アニメマシンを製作

【用意するもの】

- 丸い箱の蓋または身（内側が白がよい）：ダイソーなど
- 黒い工作用紙
- 白いコピー用紙
- マジック
- 丸シール（1.5cm程度）：ダイソーなど
- タコ糸
- 針金（5cmほど）

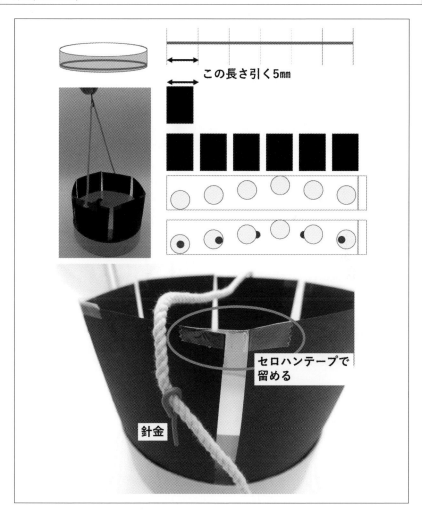

アニメマシンの作り方と針金などの様子

[1] タコ糸を丸い箱の内周の長さに切る。

[2] 手順①のタコ糸の長さを測り、6等分した長さを出す。
それから5mm引いた長さを短辺とした長方形を作る(長辺は、箱の深さ＋7cmくらいにする)。

[3] 長方形を6枚作り、丸い箱の内側に5mmほど隙間を空けながら貼りつける。
上部は、前のページの図のように、セロハンテープで留める。

[4] タコ糸の長さに接合面(1cmほど)を足した長さの用紙を作る(高さは丸い箱の深さの1.5倍くらいにする)。

[5] 手順④で作った用紙に、おおよそ6等分で、丸シール(黄色)を前ページの図のように貼る。

[6] 内側にシールが見えるように、用紙を丸い箱の内側に入れる。スリットを正面から見て、向こう側にシールが見えるようにする。

[7] 長方形の2か所にタコ糸を張りつけ、針金を図のようにつける。

[8] タコ糸につけた針金を持って宙吊りにし、タコ糸をねじるようにして本体を回転させる。
黒い紙のスリットから、中のシールの動きを観察する。

[9] 余裕があれば、小さいシール(青)を前のページの図(下)のように貼り、観察する。

[10] 別に作った④の用紙に、自分の好きなイラストを、丸シールの位置に描いて観察する。

イラスト例

どんな風に見えるか、どうしてそう見えるのか

　本体を回転させ、スリットから中の丸シールを観察すると、丸シールが動いているように感じます。
　回転のスピードによっては、その場でジャンプしているように見えたり、滑らかにカーブを描きながら、上下運動をしているようにも見えます。

　手順⑩のように動きのあるイラストを描いたものでは、連続した動きをしているようにも感じるはずです。

　シールもイラストも、スリットを通して見ると動いているように感じますが、スリットを通さないで見ると、単に絵が流れているだけです。
　こういった現象は、どうして起こるのでしょうか。

　流れて見えるシールやイラストは、スリットを通して見ることで、1枚ずつ次々と画像が切り替わって、目に届くようになります。
　そして、人間はこのように似たような静止画を次々に見せられると、見えてない情報も脳でつないで、あたかも動いているように補正するのです。

　似たような原理を使っているのがフィルムの映画で、1秒間に24枚、次々に静止画を送って、動いているように見せかけています。
　　　　　　　　　　　　　＊
　読者のなかには、フラッシュライトを当てたアニメーション装置を見たことがある人もいるかもしれません。
　フラッシュライトは点滅を繰り返すため、見ているものが切り替わって脳に伝えられ、あたかも動いているように感じます。

フラッシュライト(右)を使ったアニメーション装置

シールの大きさが変化する？

シールの観察をもう少し深めてみましょう。

貼ったのは丸いシールのはずですが、よく観察すると、縦長の楕円に感じます。後出の筆者のサイトでは、動画で確認することができます。

これは、どうしてでしょうか。

たとえば、スリットを通さずに、装置をゆっくり回転させながら見ても、丸シールの大きさは変わりません。

また、二本の指でスリットと同じ幅を作り、その指を目に当て、同様にシールを見ても、丸いままです。

ゾートロープのスリットを通して見たときだけ、丸シールは縦長の楕円に見えます。

ではこのとき、スリットや丸シールはどのような関係になっているのでしょうか。

＊

ここで、スリットとシールの動く方向を考えてみましょう。

次画像の下のスリットが、"右から左に移動(下の矢印)する"とき、見える丸シールは、"左から右に移動(上の矢印)しています"。

つまり、スリットと丸シールは、逆方向に動いているのです。

それぞれが逆の方向に動いている

これは、2台の電車がすれ違っているのと似ています。

　もし自分が片方の電車に乗っていたとしたら、反対からくる電車のすれ違う時間や全長は、電車に乗らずに観察するときよりも短くなるはずです。
　このようなことが、丸シールを見るときに起こっていて、シールの横幅（全長）が短くなり、奥では細く感じたというわけです。

　もしシールではなく、上画像のような物体だった場合、手前で見えたときは、幅広に感じるはずです。

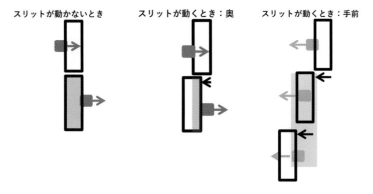

スリットが動かないとき（左）と動くとき（奥手前）の感じ方の違い

第2章 一歩進んだ実験

動きが遅れる、早くなる

　では次に、イラストの数とスリットの数が違ったらどう見えるかについて、ラボしてみましょう。

　今回の装置は、スリットの数が6つなので、イラストも6つ書きました。

　次の画像では、真ん中がスリットとイラストの数が一緒で、上下が1つ多いのと、1つ少ないものです。
　これを装置にセットして回転させてみましょう。

イラストの数を変えてみる

　3パターンを3段重ねにして一緒にセットできるのなら、それがいちばん分かりやすいですが、1枚ずつでもかまいません。
　箱の高さに応じて、ラボしてください。

　回転方向によって違いが出るのですが、スリットとイラストの数が同じ場合は、その場で動いているように感じます。

一方、イラストの数が違う場合は、前や後ろに動いているように感じます。後出の筆者のサイトでは、動画で確認することができます。
　それはどうしてでしょうか。
＊

イラストが1枚少ないほうを1枚ずつバラバラに見ていくと、

> ヨーイ！　で立ち上がった人が前のほうに走っていき、後ろから現われ、また前に進んでいく…

というように感じないでしょうか。（右画像）

　一方、イラストが1枚多いほうは、後ろに後退するように感じるはずです。ちょっと不思議ですね。
（なお、装置を逆回転させると、感じ方も逆になります）。

　これも、イラストの動きがある程度イメージできる範囲であれば、脳が補ってくれているのです。

　そのため、イラストを描くのは、あまり慎重にならなくても大丈夫だとも考えられます。
　ぜひ、いろいろ想像を膨らませて、イラストを描いてトライしてみてください。

1つ少ないイラストを分解したもの

　ちなみに、次の写真はいろいろな材料で作ったゾートロープですが、いちばん大きなものは、出前などで見るお寿司の容器で作っています。

　スリットの数と物体の数は、適当に作っておけば、前に進んだり、後ろに後退するものをみんなで覗けて楽しいですよ。
　なお、よくある鳥と鳥かごを裏表に書いておいて、くるくる回して鳥が鳥かごにいるように見えるようなものは、残像効果と呼ばれる原理を利用したものでここでのアニメーションの原理とはまた別のものになります。

第2章 一歩進んだ実験

いろいろな材料で作ったゾートロープ

みんなで覗いてみよう

参考サイト　https://omoshiro.home.blog/2015/08/29/post_374/

2-2 首ふりドラゴン

Key Word 首ふりドラゴン、錯覚、光

凹ませて作るペーパークラフト

「Dragon Illusion」というものを知っているでしょうか。

日本では「首ふりドラゴン」と呼ばれるもので、見ている人が体を左右に動かすと、ドラゴンの視線がついてくるように感じる、ちょっと不思議なペーパークラフトです。

右が首ふりドラゴン

※Dragon Illusionについては、次のURLを参照してください。
https://www.moillusions.com/dragon-illusion/

この首ふりドラゴン、実は顔が凹んでいます。

凹んで見えていても、片目（うまくすると両目）でしばらく見ていると、顔が普通の凸面に見えてきます。

＊

この視線がついてくるような不思議な現象は、Hollow face錯視（ホロウ フェイス）と呼ばれています。

これは簡単に言うと、人間は顔は凸面のはずだと思っているので、そうでない凹面の顔を見ても凸面にとらえてしまい、それによって起こる錯覚のことです。

不思議を体験するならこれで充分なのかもしれませんが、ただ原因は『錯覚』です、陰影が関係していますという解説では少し物足りません。

そこで今回のラボでは、人間はどのようにものを見て、どのように錯覚を起こすのかを解説します。

作図すると意外に簡単、以降の内容を理解すれば、自分なりの不思議なグッズを作ることもできるでしょう。

凹面を凸面に感じたときの、顔の見え方

まずは、人は普通の顔（凸面）をどういう風に見ているのかを、解説しましょう。

観察は両目でもいいのですが、今回は作図しやすいように、片目で観察したとします。

また、首振りドラゴンの「視線がついてくる」ということは、解説しやすくするために、「顔の正面の鼻がついてくる」とします。

＊

次の図のように、子供が片目でハカセの鼻（★の位置）を見ているとします。

子供が右左に動いてもハカセは動いていないので、ハカセの鼻の位置は変わりません。

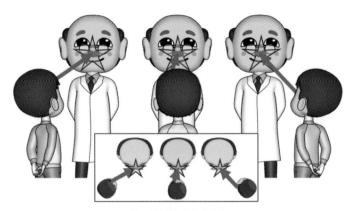

鼻の位置は変わらない

では、ハカセがお面…それも、凹んだお面だったらどうでしょうか。

凹んだお面上のハカセの鼻は、子供がいる側から見ると、実際には次の図のように矢印の先にあります。

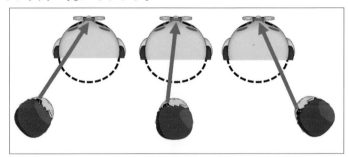

凹んだお面の場合の鼻の位置

でも人間は、顔は凸面と思いがちなので、矢印の先ではなく、その直線上で想像上の顔の部分と交わった★の位置に鼻があると思うのです。

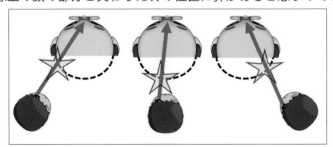

鼻の位置が錯覚して見える

もちろん、目も口もすべて同様なので、次のように視線がついてくるように見えます。

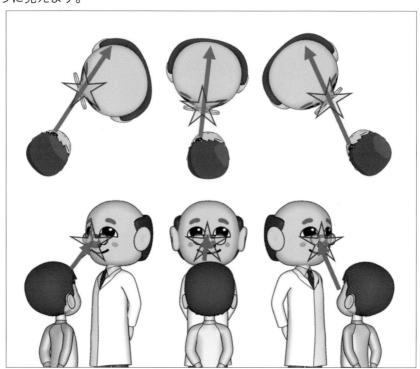

目や口も錯覚して見える

視線がついてくるように感じる理由

視線がついてくる（こちらを向いた）ように感じることは、次のように解説することもできます。

＊

ハカセの顔を見たとき、よく見えているほうの鼻と耳の距離を前後で比較してみます。

最初に見えていた距離よりも狭まったら、それはハカセがこちらを向いたと解釈できます。

次の図は、ハカセが横を見ていて、その後、こちらを向いた様子です。

ハカセが視線をこちらに向けてくる様子

　鼻と耳の距離は、最初は広く、その後は狭くなっています。

　人間は、目から見た情報を脳に送り判断しているのですが、こうした物体の間隔や距離を瞬時にとらえ、立体感や遠近感を脳で再現し、感じています。

＊

凹面の話に戻しましょう。

　次の図を見てください。

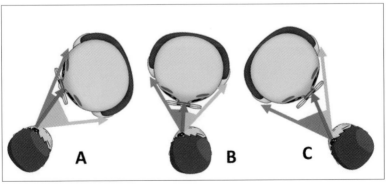

　子供からよく見えるほうの「鼻と耳の距離」（中央矢印の右側の領域）は、AからBに移動すると少し狭まります。
　すると、子供は自分のほうに"ハカセの顔が向いた"と感じます。
　BからCに移動する、とさらに狭まります。

ですからＡ→Ｂ→Ｃと移動する間に、子供は"ハカセの顔が自分のほうについてきている"と感じるのです。

逆に、Ｃの子供からよく見える鼻と耳の距離（中央矢印の左側の領域）も、同じようにＡに移動するほど狭まっていきます。
同様の感覚が生まれるのです。

＊

このような解説で理解するのも、いい方法だと思います。

それともう１つ、この手の錯視で、凹面が凸面に見えた瞬間、光り方が少し変わって感じることがあります。
それは、凹面と凸面では、光の当たり方に違いがあるからです。

＊

次の図は、どちらも平面に描かれた円ですが、感じ方に違いがあるはずです。

どちらかというと左は中の丸が"膨らんで"、右は中の丸が"凹んで"感じます。

これは、光や影の付け具合を工夫してあるのです。

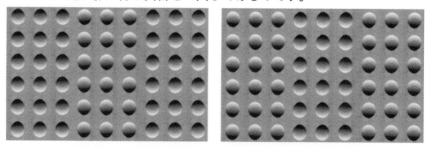

同じ円でも、光や影の具合を変えると違うもののように感じる
画像提供：北岡明佳先生

顔についても同じです。
　こういった錯視が起こりやすいよう、光の当て具合にも気を配ったほうがいいようです。

　また、この錯視は、小さいお子さんには分かりにくいかもしれません。それは恐らく、小さいお子さんはまだ、顔の認識が大人ほどはっきりしていないから、という可能性があります。

 不思議なお人形を作ろう

【用意するもの】

・薄いインサートカップ(2個)
・油性マジック
・両面テープ

[1] インサートカップの外側に顔を書く。
　　底の部分を鼻にすると、うまく出来やすいです。

[2] 別のインサートカップの底に両面テープを貼り、逆さまにして手順①で作ったものを貼り付け、胴体とする。

[3] 胴体のインサートカップの下の淵(飲み口)の部分を手で持ち、顔(凹んだほうが正面)を観察する。

観察している左のお人形を、少し右に回転させる(右)と、
凹んだほうから見ていることが分かる

顔が出て見えたら、自分の顔を揺らして観察してください。

コーヒーフィルターに水性ペンで絵を描いて、水を付けた洋服を着せた
不思議なお人形の顔はすべて凹んでいる
（詳しくは「身近なもので楽しむ！おもしろ！ふしぎ？科学実験室（工学社）参照」

インサートカップは、できるだけ薄いものを利用しています。

薄いほうが、光が透けやすく明るくなり、効果が上がるためです。

100円ショップには、シリコーンでできたチョコレートモールドなど、「不思議なお人形」に使えそうなグッズがたくさんあります。

ぜひ、凹んだほうを使って、ラボしてみてください。

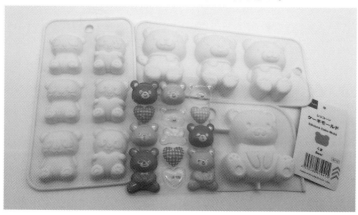

シリコーンのケーキモールドなど

[2-2] 首ふりドラゴン

Lab でっかい展示物を作ろう

　Hollow face 錯視は、大きな展示物で観察すると、効果が増大し、分かりやすくなります。

＊

　次の写真を見てください。凹んだサイコロです。

　実は、錯覚が起こりやすいように、サイコロの3面は正方形ではありません。
　また、サイコロの目の位置も中央ではありません。
　このような大きな展示物は作りづらいように思うかもしれません。

　しかし、大まかに形を作り、展示して、見た目を確認しながら、サイコロに見えるように、目を付けたり、面をカットし直せばいいです。

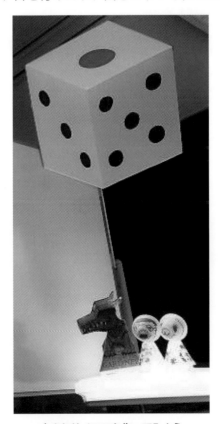

大きなサイコロを作ってみよう

109

また、下から「光」を当てると効果も上がります。
お面を使うのも楽しいです。
以下のURLで、材料や他の展示物も公開しているので、参考にしてください。

https://omoshiro.home.blog/2014/06/09/post_331/

＊

『首ふりドラゴンって、不思議だな〜』で終わるのではなく、ラボネタを探りながら、自作して楽しんでみてください。

参考サイト　https://omoshiro.home.blog/2014/03/07/post_321/

2-3　お手軽VR装置

Key Word　VR、立体視、凸レンズ

バーチャル体験装置を、レンズ2つだけ作ろう

遊園地のアトラクションなどで人気の、「VR」（バーチャルリアリティ、仮想現実）。

ゴーグルをつけて、みんなわ〜〜〜！　キャーーーー！と叫んでいるところを見たことがある人もいると思います。

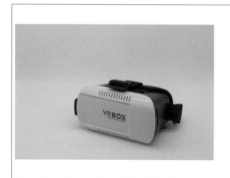

ゴーグルを被ると、リアルな3Dモデルが目の前に

では、あのゴーグルは、いったいどのような仕組みになっているのでしょうか。

さぞかしすごい世界が広がっているのではとも思えますが、中身を見たら案外、簡単です。
そして、昔からある立体視の原理と同じようなものでした。

さっそくその原理を探り、自作VR装置を作ってVRの世界を楽しみましょう。

ゴーグルの中身は、どのようになっているのか

次の写真の奥にあるのは、1,000円くらいのVR体験用ゴーグルです。
手前にはVRソフトの動画（同じような２つの画像）が映し出されたスマホがあります。

1,000円くらいのVR体験用ゴーグルは、このようなスマホをそのままゴーグルの前面に差し込み、左右２つの画像を、ゴーグルの２つのレンズを通して体験します。

VRソフトの動画を入れたスマホを使う

要は「2つのレンズと2つの画像さえあれば、VR体験できるのです」と、そこまで簡単そうに言うとVR開発者さんからお叱りを受けるかもしれません。

ですが、そこは身近なもので楽しむ！的に許していただくということで、さっそくラボを始めてみましょう！

2つのレンズと2つの画像でVR体験ができる理由

先ほどのスマホに写された、2つの画像をよく見てください。
似ていますが、少し違うのが分かるでしょうか。

実は、これは**右目用**と**左目用**に撮影された画像なのです。
たとえば、次の画像のように人差し指を目の少し上にもってきて、右目と左目、それぞれ片方の目だけで、見てください。

すると、指が左右にズレるなど、少し違って見えるはずです。

それぞれの目で見ると、様子が変わって見える

人間の目は、右と左で8cmくらい離れています。
そのため、右目だけ左目だけでモノを見たときには、少し違って見えるのです。

次に、少し遠くにあるモノを見てください。
モノは右目の視線の延長線と左目の視線の延長線が交わったところにあります。

次のイラストのように、「指で右目だけの視線」「左目だけの視線」を作ってみると分かりやすいかもしれません。
右目で見たものと左目で見たものの重なったところに、モノがあると認識しているのです。

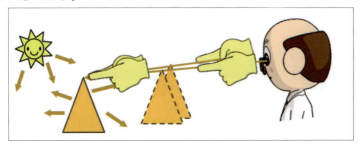

左右の視線の交差したところにモノが存在する

人間は、右目用と左目用の2つの画像を少し重ねて脳に伝えてやると、あたかもそこにモノがあるように感じます。
しかし、2つの画像をそれぞれの目だけで見ることは可能ですが、それを重ねて見るには、少し慣れが必要です。
遠めに見たりすればいいのですが、誰にでもすぐにできるわけではありません。

そこで、レンズの登場です。

2つのレンズは、ふくらんでいる凸レンズです。
モノを拡大できる虫めがねと考えていいでしょう。
凸レンズを通した光は、次の図のように進みます。

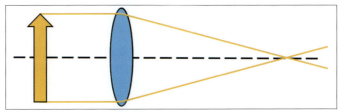

凸レンズを通る光の進み方（簡単に書いています）

レンズを通して矢印を見ると、矢印からの光が目に届きます。

しかし、人は光がまっすぐ進んできていると思うので、矢印が大きくなって、レンズの向こうに存在しているように感じます。

これを、「右目」「左目」のレンズで行なうと、それぞれで矢印が拡大され、矢印が重なる部分ができてきます。

つまり、レンズ2つで、あたかもそこにモノがあるように見える道具ができるのです。

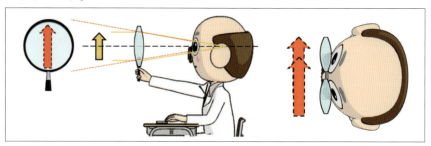

レンズを通して見ると、矢印が拡大される

＊

話をまとめると、たとえばハカセが跳び箱をしている場面は、右目と左目で、少し違って見えるはずです。

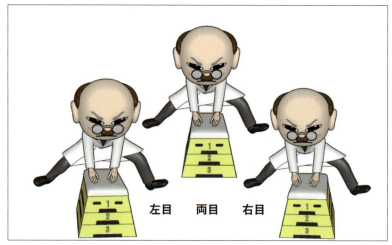

右目と左目での見え方の違い

そこで、「右目用」と「左目用」のハカセが跳び箱をしている画像を用意して、レンズで拡大してやると、重なったように感じ、あたかもハカセが飛び出しているように見えるのです。

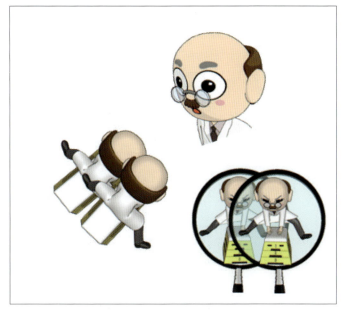

左右の映像を重ね合わせることで、飛び出しているように見える

ちなみに、ゴーグルも含め、よくあるVRの装置は、目を覆うようになっています。

そうすることで周りの余計な情報をカットし、その世界に深く浸れるため、よりVRが体感できるのです。

実際のVR装置には、たくさんの情報をもたせたり、サウンドを組み込ませたり、グローブなどを装着することなどで、視覚だけでなく、聴覚や感覚などを刺激して、より仮想現実感を上げています。

VRの技術は付加価値を付けて、さらに進化していくことでしょう。

自作VR装置を作ろう

　VRの装置は、目を覆ったり、サウンドを加えたりなどで臨場感あふれる世界を作り出していると説明しましたが、そういったものがない、「最低限のVR装置」を作ってみましょう。

　といっても、虫メガネを2つ持つだけです。

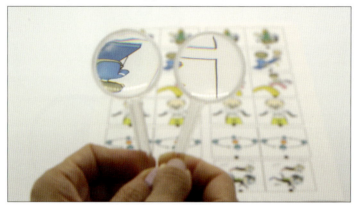

最低限のVR装置！？

　上手に2つ持つのが難しければ、握り手を1つにまとめてもいいでしょう。

　これで、右目用と左目用の画像を用意すれば、あたかもそこにものがあるように感じるはずです。

虫メガネ2つを使ったVR装置

右目用と左目用の2つの画像は、次のような感じになります。
自作するのもいいでしょう。

画像を、ちょうど虫メガネのピントが合うところ(案外近く)で見ると、スキューバーダイビングをしている人などが、立体的に見えてきます。

イラストの作例

画像は、イラスト以外にカメラで撮ったものでもいいでしょう。
1枚撮った後、両目の間隔(8cm)くらいカメラをズラしてからもう1枚を撮り、その画像を合わせて虫メガネで見ればいいのです。
既存のカメラに取り付けて、一度に2枚の写真を撮る製品もあります。

うまくすると、スマホでVRのアプリの動画を流しながら、虫メガネ2つで見ると、VR体験することも可能です。
このVR体験は、p.8の間違い探しの原理と似ています。是非合わせてご覧ください。

取り付けるだけで、VR用の写真を簡単に撮れる
画像提供：坂上 勲

＊

　見た目はすごそうなVR体験ですが、原理を知ると案外、簡単だったのではないでしょうか。

　実は、100円ショップにもVR装置が売っています。

　虫メガネを2つ買うよりも安く、箱型のものもあるので、臨場感も出るかもしれません。
　見つけたらぜひ、購入してみてください。

スマホを挟み込むタイプ（左）と段ボールの箱にスマホを入れるタイプ（右）スマホを使わず、自作のイラストで体験するには、"挟み込むタイプ"がお勧めです。

参考サイト　https://omoshiro.home.blog/2017/11/27/post_428/

第3章
さらに掘り下げて考える実験

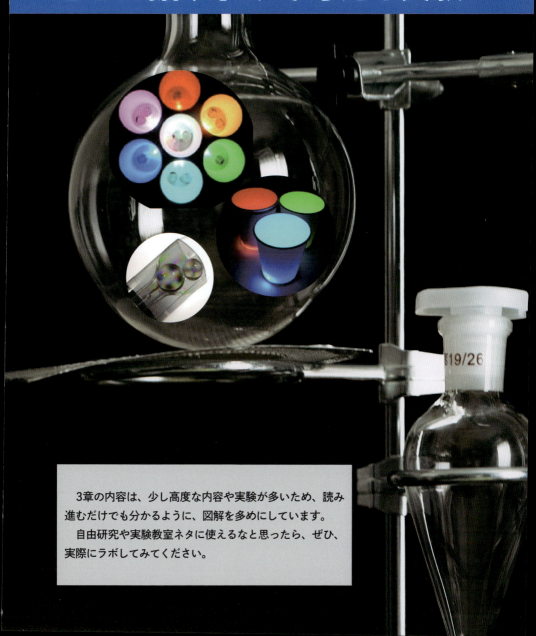

　3章の内容は、少し高度な内容や実験が多いため、読み進むだけでも分かるように、図解を多めにしています。
　自由研究や実験教室ネタに使えるなと思ったら、ぜひ、実際にラボしてみてください。

3-1 光のジュースで遊ぼう

赤緑青…光の3原色

　テレビやPCの画面に、ビー玉を押し当てると、白く写っている洋服も、赤緑青の「3色の光」で出来ていることが分かります。

　多くのテレビやPCの画面は、この3色の光の明るさを少しずつ変化させることで、さまざまな色の光を作り出しているのです。

　この赤緑青の3色を、**「光の3原色」**と言います。

＊

　ここでは、紙コップの中で「LED」（発光ダイオード）を光らせて、それを光のジュースに見立て、光と色の不思議をラボしてみます。

　現われるたくさんの光の色の美しさに魅了されるとともに、身近な光についてレベルアップできること間違いなしでしょう。

光の3原色

色の3原色は、「シアン」「マゼンタ」「イエロー」

赤緑青を光の3原色と書きましたが、これと同じように**色の3原色**もあります。

色の3原色は、**「シアン」「マゼンタ」「イエロー」**です。

以前は、色の3原色と言えば赤黄青と言われていましたが、いまは「シアン」「マゼンタ」「イエロー」で、さまざまな色を作り出すことができます。

カラーのチラシなどを拡大してみると、色の3原色の粒々を見つけることができます。

 光のジュースを作ってみよう

【用意するもの】

- ・コイン電池：3個
  100円ショップに2個セットで売っていますが、30分ほど連続して使うには向いていないものもあります。

- ・LED：赤緑青それぞれ1個
  高輝度LEDφ5mm広角60°タイプ。それぞれの輝度数が近い方がいい。各色10個入で200円～420円。

- ・LED拡散キャップφ5mm：赤緑青それぞれ1個
  各色50個入りで200円。
  LEDは一方向がとても明るくなり、拡散キャップをかぶせることで側面にも光を行き渡らせることができます。

- ・紙コップ：205mlくらいのもの4個
  色は白が最適です。

- ・マスキングテープ（100円ショップで購入可能）
  LEDとコイン電池を留めるために使います。
  セロハンテープでもいいですが、何回も付けたり外したりしていると粘着剤で汚れがついて、電池とLEDの接触が悪くなるので、マスキングテープが便利です。

- ・A4コピー用紙：1枚
- ・鉛筆：1本
- ・カラーのチラシ（片面印刷のもの）

LED・コイン電池・拡散キャップは、すべて秋月電子通商や、執筆者WEBサイトで購入できます。

http://akizukidenshi.com/

実験で使うもの

また、この実験はできるだけ暗い部屋で行なうのが理想です。

怪我をしないようにラボしてください。

≪注意≫

> 　LEDとコイン電池の間には、本来ならば抵抗などを挟むべきですが、仕組みを単純にするためにこの方法で点灯させています。
> 　明るくしようとコイン電池を何枚も重ねると、LEDは壊れてしまうので、1つのLEDには、1つの電池を付けるようにしましょう。
> 　また、片付けるときは**電池同士が接触しないように**、分けて保管してください。

　3色のLED・コイン電池・拡散キャップは、それぞれ次の図のようにセットします。

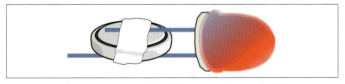

3色のLED・コイン電池・拡散キャップのセット方法

LEDから出ている2本の脚は、長さが違います。
　長いほうをコイン電池の＋極（平べったいほう）に当たるようにしてください。

　また、間違って赤LEDに緑色の拡散キャップをつけたりしないようにしましょう（ラボの前に、光の合成をやったことになってしまいます）。

[1] 暗い部屋で、セットしたLEDを1つずつ紙コップに入れる。

　3個のコップのうち赤のコップがとても明るくなります。
　赤LEDは、他に比べると低い電圧で点くため、同じ電圧の条件では他より明るく輝きます。

[2] 赤のコップの上に、もう1つコップを重ねる。

　これで、だいたい同じ明るさになります。
　まるで色のついたジュースを注いだみたいです。

3色の紙コップ

光のジュースを混ぜてみよう

赤の光のジュースに青の光のジュースを注いでみましょう。
コップを傾けて、青LEDを落とします。

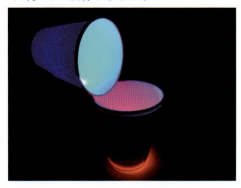

LEDを混ぜ合わせる

いろいろなジュースを混ぜてみましょう。どんな色ができるでしょうか。

＊

混ぜ方によって、赤緑青の光の3原色から、シアン、マゼンタ、イエローの色の3原色と白色光を作り出すことができます。

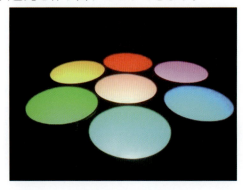

さまざまな色が作れる

　白色光はLEDの重ね方、たとえば青LEDが上にくると"冷たい白"だったりと、同じ白でも印象が変わります。

　お気に入りの白色光を作ってみましょう。

出来た光の色で、チラシの色を見てみよう

カラーのチラシを光のジュースのコップの上に置いて見てみましょう。

次の写真は、お肉や野菜のチラシを見たところです。

たとえば、どの色の光だと、お肉がおいしそうに見えるかなどを探ってみてください。

緑色だと、"お肉は不味そうに見える"などです。

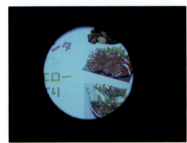 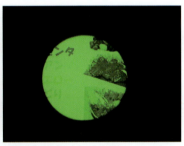

お肉や野菜を観察してみた例 左は赤緑青（白）、右は緑

スーパーなどの生鮮食品の売り場を観察してみると、わざとお肉を赤い光で照らしたり、ミカンをオレンジ色のネットに入れたりして、よりおいしそうに見せる工夫があるようです。

似たような色の光を当ててみると、効果が感じられるかもしれません。

なぜ赤緑青で、さまざまな色が再現できるのか

赤緑青の光で、さまざまな光のジュースを作り出せました。

また、多くのテレビでは赤緑青の光でさまざまな色を再現しているとも説明しました。

でも、どうしてたった3色の光から、さまざまな色が作り出せるのでしょうか。

＊

これは、人間の視覚に関係しています。

人間は、いくつかの段階を経て色を認識するのですが、最初は光を４つのセンサでとらえます。

　色を感じるのは、そのうちの３つ、**「L錐体」「M錐体」「S錐体」**で、順に赤緑青近辺の光を感じています。
　このセンサを使って、私たちはさまざまな色を赤緑青それぞれの光の割合としてとらえているのです。

　このことを利用して、たとえばバナナは、テレビ画面上では赤と緑の光を映し出すことで再現するなど、光の３原色から色鮮やかな世界が楽しめるのです。

黄色は、赤と緑の光で再現している

🧪 色の影を作ってみよう

　光が当たるところには影ができますが、光の3原色が当たったところには、どんな色の影が出来るでしょうか。

＊

　右の図が、実験の設計図です。

[1] A4の白いコピー用紙の上に、拡散キャップを取ったLEDを、点灯した状態で配置する。

[2] 点線部分で谷折りにして、直角に立ててスクリーンにする。

　後ろに、紙コップを置くとまっすぐ立ちます。

[3] ①の位置に鉛筆を立てて、スクリーンに映る影の色を観察する。

　同様に次に②の位置に鉛筆を置いて観察し、最後は鉛筆をもっとスクリーンに近づけて観察してみましょう。

実験の設計図

　上手くいくと、鉛筆の場所を変えるたび、いろいろな色の影が現われます。

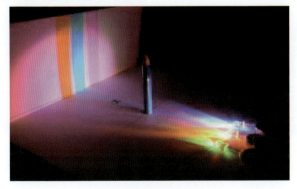

さまざまな色の影が出来上がる

色の影が出来る仕組み

①に鉛筆を立てたとき、スクリーンの影の色は左から、**黄色・シアン・マゼンタ**になります。

②に鉛筆を立てると、影が重なったところに、青緑の影が現われます。

③に鉛筆を立てると、やっと黒の影が現われます。

普段見ている影は、黒や灰色ですが、当たる光の色によって違う色の影が作られるのです。

＊

では、これらの影は、どうやってその場所に出来ているのでしょうか。

たとえば、①に鉛筆を立てたときには、真ん中にシアンの色の影が見えます。

鉛筆のせいで、赤の光がスクリーンには届いていないのです。

だから、シアン（緑＋青）の影が出来るのです。

＊

他にもLEDをセットする場所を変えたり、鉛筆を2本以上にして観察してみましょう。

また、鉛筆の代わりに小さな折り紙を置いて投影させたり、穴をあけたものに投影させたりして、色とりどりの影絵遊びも楽しんでみましょう。

いろいろなものを置いて観察してみよう

視覚の不思議をラボ

これまで、赤緑青の光のジュースで、いろいろな色の光を作り出し、ラボしてきました。

理科的な言葉でいうと、『光の合成実験』を行なってきたのです。

「赤＋青＝マゼンタ」「赤＋緑＝黄」というように、きちんとした結果が出てきましたね。

でも、次はちょっと不思議なラボです。

[1] 白いコピー用紙の上に鉛筆を立てる。
部屋は、真っ暗ではなく少し太陽光を入れたり、室内灯を点けるなどして薄暗くしておきます。

[2] 拡散キャップを取った赤いLEDで鉛筆を照らす。
少し上から照らしてやると上手くいきます。
青や緑のLEDは、近くに置かないでください（紙コップの中にでも入れておきましょう）。
鉛筆には、部屋の光と赤い光のみが当たるようにします。

白い紙に写った鉛筆の影は、何色に見えるでしょうか。

赤い光を鉛筆に当てたときの影の色は、ちょっとシアンっぽく見えるかもしれません。

紙コップに入れた緑と青の光を合わせた色です。

1つの色の光だけを当てて観察

同様にして緑や青の光でもやってみましょう。

　緑で照らした鉛筆の影はマゼンタに、青で照らした鉛筆の影は黄色に見えるかもしれません。
＊
　それぞれの色の光が当たらなくてできた影なのですから、同じ色の影になりそうですが、それぞれ違って感じます。

　これは、どうしてなのでしょうか。

影の色が違うように感じる理由
　前の内容で、人間は、光を赤緑青近辺の色を感じるセンサでとらえていると説明しました。

　赤い光で鉛筆を照らしたとき、鉛筆の影の部分は、室内灯など赤い光以外の部屋の光が届いています。
　それが白色光なら、赤緑青の光と人間は捉えるはずです。

　しかし、影の色はシアンに見えます。

　この理由は、赤い光で照らしたとき、影以外の部分はすべて赤くなるため、赤をとらえるセンサが働きにくくなっているためです。

　つまり、影を赤緑青のセンサでとらえるべきところを、緑青のセンサでとらえてしまい、シアンに見えてしまったのだと考えられます。

　人間の視覚の不思議ですね。
　赤と言っても、人それぞれが感じる赤色には違いがあります。そのため、今回のラボも、実際にやってみると人それぞれで違った色に感じることがあります。

ニュートンとゲーテの実験

　360年ほど前、ニュートンはプリズムを使って、白色光の分解や合成を行なっていたと言われています。

　その後、いろいろな科学者が光と色の研究に取り組んできました。
（光のジュースのようなことが、行なわれていたかもしれません）。

　そして、ニュートンの100年ほど後、文学者として有名なゲーテは、ろうそくを使って、薄暗い光の中で先ほどの視覚の不思議のようなラボを行ない、人間の脳を通した光の見え方を研究したようです。

　皆さんの周りには、光があふれています。
　光と色の関係はとても不思議なのです。

　今回のラボをもっと膨らませて、独自の実験を試してみてください。
＊
　なお、今回の実験の材料は、家庭では手に入りにくかったり、少量では割高になったりするものもあります。

　そのため、筆者のサイトで、紙コップと鉛筆以外の材料をキットとして用意しているので、興味のある方は覗いてみてください。

参考サイト https://hmslab1.jimdofree.com/ショップ-キット購入サイト/

参考サイト https://omoshiro.home.blog/?s=光のジュース
　　　　　上記サイトは、光のジュースに関するたくさんの情報を入れています。

＜参考文献＞

『光と色の100ふしぎ』左巻健男監修　桑嶋幹川口幸人編著（東京書籍）
『どうして色は見えるのか』池田光男芦澤昌子（平凡社）

3-2 3Dを科学する

赤青2つの光と、赤青めがね

最近の映画は、3D対応のものも多くなりました。
すでに3D対応のゲーム機やテレビを体験されている方も多いかもしれません。
3Dを体験する装置は、意外と簡単に、そして安価に作ることができます。
さっそく3D装置を作って、遊んでみましょう。

3D装置を作る

【用意するもの】

- 1灯型LEDライト：2個（または、複数灯型LEDライト：1個）
  100円ショップのものでいいですが、レンズがついているものが多いので、レンズを取り、光が広がるようにしてください。

- 赤と青のセロハン（ライトの光が出る部分が覆われる広さ）
  文房具店などで、赤青と明記されたものがいい。

- 投影するもの（絵を書いた透明フィルム、針金、モールなど）
  線状のものが観察しやすいです。

- 赤青メガネ（STEREOeYe Corpで購入）
  赤青メガネは、かけ続けていると気分が悪くなることがあるので、耳にかけないものがお勧めです。

- 工作用紙（黒が最適だが白などでも可）
  - トレーシングペーパー15×15cm または、白レジ袋
  - 割りばし：2本
  - 輪ゴム：1個

[1] それぞれのライトの光る部分に、赤と青のセロハンを貼り、上に光るようにする。

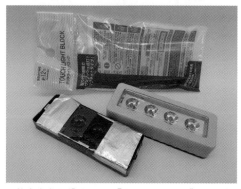

おすすめのダイソーの「タッチライトブロック」

このタッチライトブロックを使うと、ライトは1個で済みます。表面の透明なプラスチックを取り、4灯のうちの端2つをアルミホイルでふさぎ、残り2つに赤青セロファンを貼っています。

[2] 側面になる工作用紙を、コの字に折る。
　ここでは、高さを24㎝としていますが、ライトを下から照らし、光の当たり具合で調整しましょう。

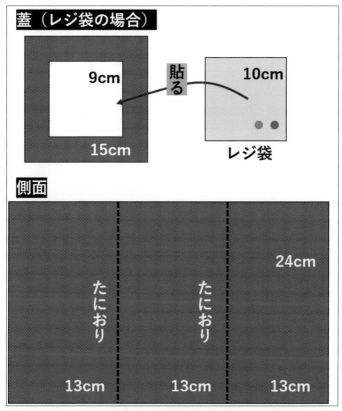

設計図

[3] トレーシングペーパー（または白レジ袋）に、マークを付けておく。
　上の設計図で言うと、赤青の丸シールですが、このマークは後に3Dの像を投影したときに、飛び出し具合の基準にするためのものです。
　これがあると、より飛び出す感が高まります。

[4] トレーシングペーパーを、コの字に折った工作用紙の上に乗せる。
　白レジ袋の場合は薄く乗せにくいので、次の写真のように、上の設計図の蓋（レジ袋の場合）を参考に作成し、乗せる。
　取れないように、セロハンテープで留めるのも手です。

白レジ袋の周りに、工作用紙で枠を作ると乗せやすい

[5] 割りばしの先に、輪ゴムを付けて垂れるようにしておく。

[6] 赤青メガネを、下図のように割りばしで挟む。
　赤青メガネはフィルムなので、しっかりさせるためです。

[7] 透明フィルムに絵を書き、針金はペンに巻くなどで螺旋状にしておく。

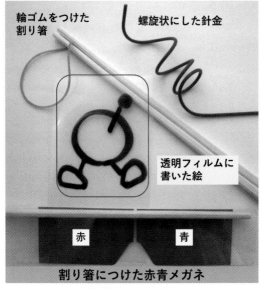

手順[5]～[7]の作例

3D装置を体験してみる

3D装置を作ったら、次の手順で実際に使ってみましょう。

[1] メガネは赤を左目、ライトも赤を左側としてセットする。

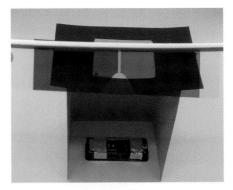

それぞれ赤を左側にセット

[2] 空いたところから輪ゴムを付けた、割り箸を差し入れて、スクリーン近くで上下させる。

[3] もう片方の手で赤青メガネを持ち、スクリーンの上から観察する。
像がスクリーンから飛び出して見えます。

さらに、下に垂れていたはずの輪ゴムが、上に浮き上がっているようにも感じるはずです。

注意点として、メガネとライトは、平行にセットする必要があります。
また、観察者は斜め横から覗き込んではいけません。
メガネ(目)とライトが、平行にならないからです。

垂れた輪ゴムが付いた割りばしを差し込むのは、観察者自身でやるほうが、ゴムが垂れ下がった割りばしを差し込んだのに……おや？と、より不思議感が増すはずです。

[4] 透明フィルムに書いた絵や螺旋状の針金も、差し入れて観察する。
これも同様に、飛び出して感じます。
他にも、ペンやハサミなど差し入れて観察してみてください。

どうして飛び出るように感じるのか

では、どうして像が飛び出ているように感じるのでしょうか。

そもそも、人間の目は離れているので、次の図の左のように、左右で見える様子が違います。

片目で見ると、それぞれの線上のどこかに物体が見え、その合わさったところに物体があると思うのです。

そして、図の右のように、似た2つの物体（赤と青）があって、右目は青の像だけ、左目は赤の像だけが見えるように工夫すると、その合わさったところ（実際の物体より前）に飛び出して、物体があるように感じるのです。

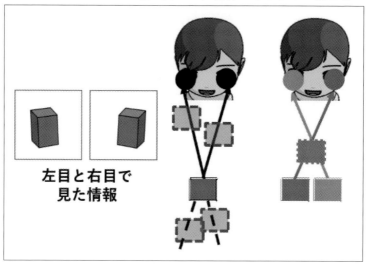

右目と左目にそれぞれの像を見せると、浮き出たように感じる

今回の装置で、飛び出す様子を考える

割りばしを装置に差し込み、赤青メガネなしで見てみると、マゼンタ（赤紫）のような光の中に、赤と青の割りばしが投影されています。

赤青メガネをつけ、右目をつぶって左目（赤メガネ）だけで見ると、赤っぽい光の中に黒っぽい割りばしが1本。

左目をつぶって右目（青メガネ）だけで見ると青っぽい光の中に割りばしが一本投影されています。

割りばしの代わりに、クマで表わしたのが次の図です（大雑把に書いています）。

　　　　　　　青めがねで見たとき　赤めがねで見たとき　　　両目で見たとき

それぞれの目で見える様子

だから、両目で見ると、次のように、合わさった紫色の場所に、クマが飛び出して感じるのです。

飛び出て見える

ライトの配置を考えよう

では、赤いライトを左にセットしましたが、これには理由があるのでしょうか。

それは、光が次の図のように進んでくるからです。
スクリーン（黒い部分）に、左が赤で右が青の像が映ると、飛び出して感じます。
ライトや実物のクマはスクリーンの奥にあるわけですが、スクリーンの奥で図のような配置にすると、スクリーンに、赤が右・青が左に投影されるのです。

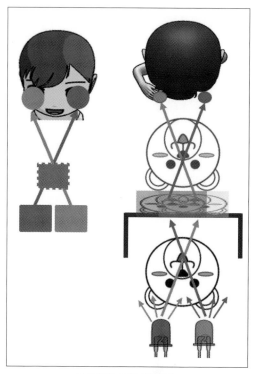

それぞれの光の進み方

【3-2】 3Dを科学する

垂れたゴムが飛び出して感じる理由

では最後に、垂れた輪ゴムが浮き上がって見える理由を解説します。
垂れた輪ゴムに、光は次の図のように進んで目にとどきます。

それで下(▲)の位置のゴムは、より上に、より飛び出して感じるのです。

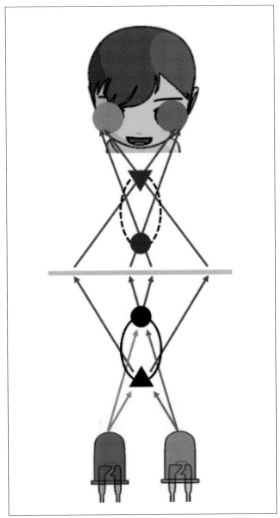

垂れた輪ゴムの見え方

いろいろ楽しもう

今回のラボでは、垂れた輪ゴムが浮き上がったように感じさせるために、上向きにスクリーンを置きましたが、これをテレビのように横向きにすることもできます(ティシュ箱などを使うと簡単です)。

また、もっと大きくして、外枠をダンボール(35cm×50cm×35cmほど)にして横置きにすると、大勢で楽しむことができます。

ライトは、光のジュースで使った赤LED青LEDにすると、明るさが増していい感じです。

ぜひ、みんなで楽しんでください。

＊

なお、このラボの材料も、家庭では手に入りにくかったり、少量では割高になったりするものもあります。

そのため、筆者のサイトで材料をキットとして用意しているので、興味のある方は覗いてみてください。

下の参考サイトでは、詳しい情報と大勢で楽しんでいる様子もご覧いただけます。

参考サイト https://hmslab1.jimdofree.com/ショップ-キット購入サイト/#cc-m-product-11800791577

参考サイト https://omoshiro.home.blog/2013/07/13/post_286/

3-3 偏光板を使って、見えないものを見る

光を揃える偏光板

　偏光板という黒っぽいシートを使って、セロハンテープが万華鏡のように色づく作品を見たことがあるでしょうか。

　これは偏光板の特異な性質を使った、とても素敵な工作です。

　他にも、トンネルにないはずの壁が見えたり、プラさじが色づいたりする工作もあります。

偏光板を使った工作

＊

　ちょっと難しいですが、光はいろいろな方向に振動しながら進んでいる波だと言われています。
　そして、その一定方向の成分の光だけを吸収（または透過）できるのが**偏光板**です。

　「**偏光板**」（偏光フィルム）は、ヨウ素を使ったものが代表的で、ある特殊なフィルム（PVA：ポリビニルアルコール）にヨウ素を含ませて延伸すると、ヨウ素が並んだ方向に振動する光だけを、吸収するようにできます。

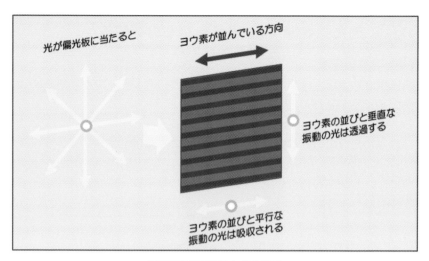

偏光板を光が通るときの様子

　たとえば、2枚の偏光板を用意し、お互いを直行するように重ねたとします。

　すると、1枚目の偏光板を通って進んできた光は、2枚目の偏光板で遮られて、進めなくなってしまいます。

　偏光板は、直行して重ねると、"光を通さなくなる"のです。

2枚の偏光板を直行させると、光を通さなくなる

このような特異な性質をもっているので、実はみなさんの身の周りのいろいろなモノに使われています。

どのようなところに使われているのか、偏光の世界を覗いてみましょう。

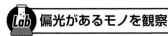
偏光があるモノを観察

【用意するもの】

・偏光板：5cm×5cmくらいのもの2枚（ネットショップ・筆者のサイトで購入可）
・観察するもの（いろいろ）

観察は偏光板を回転させながら行ないます。
　そのため、片方の偏光板に目印（例では丸シール）をつけて、縦横の区別がつくようにします。

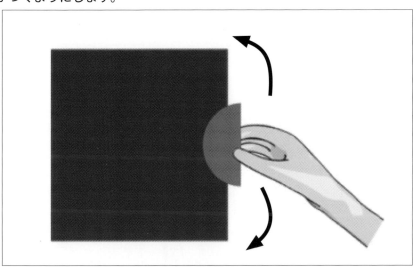

丸シールなどで向きが分かるように印をつける

●窓ガラスや机に映る反射光
　ウォーミングアップに、窓ガラスに映り込んだ部屋の様子や、机やフローリング床のテカリなどを、偏光板を回転させながら観察してみましょう。

　窓と体との角度は35度くらいがちょうどいいです。

窓と体の角度は35度くらい

　偏光板を回転させると、窓ガラスに映り込んだ部屋の様子が消えたり、机や床のテカリが消えたりするときがあります。
　そのときの偏光板の向きは、90度違うはずです。

　窓や机などの面に当った光（反射光）は、一定方向に振動する光（偏光）が強くなることが多いので、偏光板で見えにくく（吸収）することができます。

　次の図のように、窓と机では、面の向きが90度違います。
　だから、偏光板で吸収される偏光の向きも90度違ってくるのです。

窓と机では、面の向きが90度違う

同様に、水面からの光も、偏光になっています。

偏光板で、水面からの反射光を抑えることができるので、サングラスやカメラのレンズフィルタに使われています。

手持ちのカメラのレンズの前に、偏光板を置くだけで、簡単にではありますが、反射光を抑えた画像を撮ることができます。

カメラレンズの左半分に、偏光板をあてて撮影

第3章 さらに掘り下げて考える実験

●偏光サングラス

　雪や路面の反射光（偏光）をカットする偏光サングラスは、眼鏡屋さんにあります。

　どの方向の光をカットしているか偏光板を回転させながら観察してみましょう。

　偏光板の向きによって、両目のレンズが暗くなるときがあるはずです。

偏光サングラス

●液晶画面

　テレビや携帯やPCの液晶画面の前で、偏光板を回転してみましょう。

　液晶画面も偏光板を使っているので、画面から出てくる光は偏光になっています。
　そのため、暗くなるときがあります。

　ただし、タブレットなどは画面を回転させて利用するため、先述の偏光サングラスをかけて見ると、画面が暗くなることがあり、そのため、最前面に偏光を打ち消すフィルムを付けていることもあり、この場合は暗くなりません。

次の写真では、斜めに偏光板が置いてある状態で暗くなっています。このように、液晶によっては、斜めで暗くなるものも多いです。

液晶画面の前で偏光板を回転させると暗くなったりする

●3Dメガネ
　映画やテレビの3D装置には、偏光板を使ったものもあり、家電量販店ではテレビ用の3Dメガネが展示されています。

　偏光サングラスと似ていますが、偏光がカットされる向きは、右目と左目が90度違うものもあります。

> ※右目と左目に違う情報を与えなければならないためです。
> ただし、すべてがそうだとは限りません。

偏光板を回転させながら観察してみましょう。

●青空
　ハチは「青空の偏光」を感じながら飛んでいるといわれます。
　簡単にですが、偏光板2枚を次の写真のように直行するように並べて、青空にかざして観察してみましょう。
　どちらか、わずかに暗く感じる方向があります（90度傾けると逆になります）。

青空を偏光板で観察

ハチは偏光板なしで、青空をこのように見ているのかもしれません。

興味のある方は、次のようなミツバチ偏光板を作って、青空を観察してみてください。

末尾に紹介している、筆者のサイトには、「ミツバチ偏光板」の動画も公開しています。

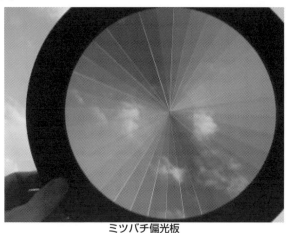

ミツバチ偏光板

偏光で見えないモノや色を見る

偏光板2枚で、ものを挟んでやると、見えないものが見えてきたり、色づいたりします。

ただ、2枚の偏光板を手に持って、ものを挟むには、もう1本、手が必要なので、ちょっとラボしにくいです。

そこで、簡単な装置を作って、楽にラボできるようにしてみましょう。

【用意するもの】

・バックライト：1個：ダイソーなどのライトで可
・トレーシングペーパー：ライトの強さを弱めるために使用
・観察するモノ（いろいろ）

おすすめのダイソーのバックライト：スイッチライトフック付き

[1] バックライトを光らせる。
　　まぶしい場合は、トレーシングペーパーなどを上に置き、明るさを調整する。その上に、偏光板を置きます。

　　偏光板が動く場合は、セロハンテープで貼ります。
　　セロハンテープは観察時に影響するので、ほんの少しだけにしてください。

[2] 暗くなる（吸収面が90度ズレる）ように、もう1枚のシールを付けた偏光板を持つ。これで完成です。

　　装置の間に、いろいろ差し込んで観察してみましょう。

●透明フィルム

透明なフィルムは、色づいて見えます。
たとえば緑色に見える場合、偏光板を90度回すと、緑色になった光が通らなくなり、補色のピンクが見えるようになります。

また、フィルムを回転しても色が変化します。

フィルムは、工場で作られるときに、引っ張って巻き取られます。
そのために、色づくのです（複屈折性）。

●セロハンテープ

くっつかないように、そのまま差し込んで観察しましょう
透明なセロハンテープが色づいて見えます。

たとえば、黄色が見える場合は、偏光板を90度回すと、補色の青が見えるようになります。
また、透明なフィルムにセロハンテープを重ねて貼ると、見える色も変わります。

左上から1枚、2枚、3枚…と重ね貼り

セロハンテープも、製品化される際に、ひっぱって巻き取られるために色づきます（複屈折性）。

また、セロハンテープは、その材質のために色づくとも言われています（旋光性）。

● CDケース・プラさじなどのプラスチック製品

　次の写真は、CDケースにある小さな穴を、偏光板で観察したものです。
　この小さな穴はゲートと呼ばれるもので、その部分から、とかしたプラスチックを勢いよく流し込んで成形しています。
　その時の流れの歪みが、虹色として見えているのです（複屈折性）。

　虹色になるとキレイですが、力がかかり歪みがあるので、割れやすかったりします。

　そのため、製作段階で偏光板を使って歪みを見つけ、成形の方法を変えたりすることもあります。

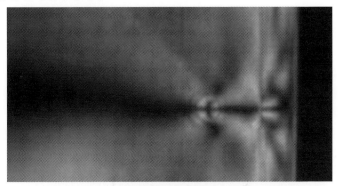

ゲート付近のひずみ

プラさじなどのプラスチック製品

●卵パック
　見え方はあまりキレイではなく、ゲートも見当たりません。

　卵パックは、シート状のプラスチックを"ギュッ"と押し出したり、空気で吸い込んだりして成形します。
　また、CDケースとは違う素材なので、虹色の出方が異なります。

●透明なビー玉（左）
　ビー玉は、どろどろ融けたガラスを流し出しながら、飴のように切って作ります。

　その形状からか、十字のような模様が出てくるものもあります。

　画像は、ビー玉と水晶を観察している様子です。
　ビー玉などは転がりやすいので、ストッパーになるもの（ライトについていたフックなど）を置いてあげましょう。
　また、ビー玉などは回転させにくいので、画像の様に綿棒やスポンジで動かすと操作しやすいです。

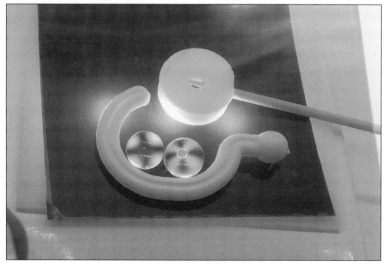

左がビー玉（右は後出の水晶）

● メガネ

　フレームの周りには、力がかかっている様子(歪み)が見えます。
フレームが小さく、レンズが厚いほど、歪みは大きいようです。

　メガネ屋では、こういった歪みを偏光板で見つけて、力がかからないような作り方に変更したりしているそうです。

メガネ屋には偏光板がある

● ポリ袋

　特に変わりはありません。
ポリ袋は、縦にも横にも伸ばして作っています(ブロー成形)。
一度観察したら、伸ばして引きちぎった状態で、もう一度見てみましょう。
ちぎれたところに、虹色が出るはずです。
これは、伸ばして力が加わり、その歪みが見えたのです。

ポリ袋を延ばすと虹色が見える

●スーパーボールやデスクマット

爪で押すと、虹色が現われます。

これは、爪で押した際に現われる歪みです。

力を加えられたモノが、複屈折を起こす性質を光弾性と言いますが、製品の模型を作って、力のかかり具合を偏光板で検査することもあります。

力を加えている部分が虹色になる

●雲母

ピカピカ光る石を見つけたことはないでしょうか。

爪で剥がし、透明なシートに貼り観察すると、驚くほどキレイな虹色が現われます。

雲母の薄片を透明なシートに貼って観察

偏光顕微鏡という偏光板を使った顕微鏡を使って、研磨した岩石を観察し、含まれる鉱物を分析する方法があります。

これは鉱物の性質や結晶の向きで、色の違いが現われる例で、薄い氷の欠片でも観察できます。

[3-3] 偏光板を使って、見えないものを見る

カンラン石のプレパラート（左）と氷の結晶（右）

●水あめと水晶

　丸玉の水晶は水晶の目（**p.120**の写真左参照）と言われるものが見えます。
　以下の写真は、偏光にあまり影響しないガラス瓶に、水あめを入れて観察してみたところです。

ガラス瓶に水あめを入れて、色を観察

　実は、すべて同じ瓶に水あめを入れたところなのですが、すべて色が違って見えます。
　左2つは正面から、右2つは側面から観察しています。

　光が通る道筋の長さに違いがあるから、色が変わるのです。
　また、両脇は、偏光面を同じ（光が通る）にし、中2つは偏光面が直交する（黒くなる）ように挟んでいます。

水あめや水晶が色づく仕組み（旋光性）

　水あめや水晶には、光の振動面を回転させる性質（旋光性）があります。

　砂糖水や水あめなどは、光学異性体をもっているので、光の振動面を回転させるのです。

　この性質を利用し、偏光板を使った旋光糖度計というものもあります。

セロハンテープやプラスチックが色づく仕組み（複屈折）

光は、あるものから別のあるものに侵入するとき、屈折します。
そして、屈折率が高いと、光が進むスピードは遅くなります。

複屈折とは、向きによって屈折率が違う、という性質です。

たとえば、縦方向の屈折率が高いとすると、縦方向に振動する光と横方向に振動する光で速度の違いが出てくるので、複屈折をもったモノから光が出てくるときに、縦方向と横方向でズレが生じます。
そのため、縦軸と横軸方向に光の成分を分けて考えないといけなくなります。

セロハンテープは、力を加え、引っ張りながら製造されるので、そのとき分子の並びに縦横で違いができ、縦横の屈折率が変わります。

複屈折をもっているのです。

液晶画面を偏光板に

PCなどの液晶画面は偏光板が使われていると解説しました。
保護フィルムなどがついていなければ、PCの画面を白く（WORDのファイルなど）すると、"大きな偏光板をバックライト付きで手に入れた"ことになり、さらにラボが楽しめます。

ぜひ試してみてください。

＊

この実験の材料も、家庭では手に入りにくかったり、少量では割高になったりするものがあるため、**筆者のサイトで材料をキットとして用意しています。**

興味のある方は、覗いてみてください。

> **参考サイト** https://hmslab1.jimdofree.com/ショップ-キット購入サイト/

> **参考サイト** https://omoshiro.home.blog/2016/05/30/post_393/

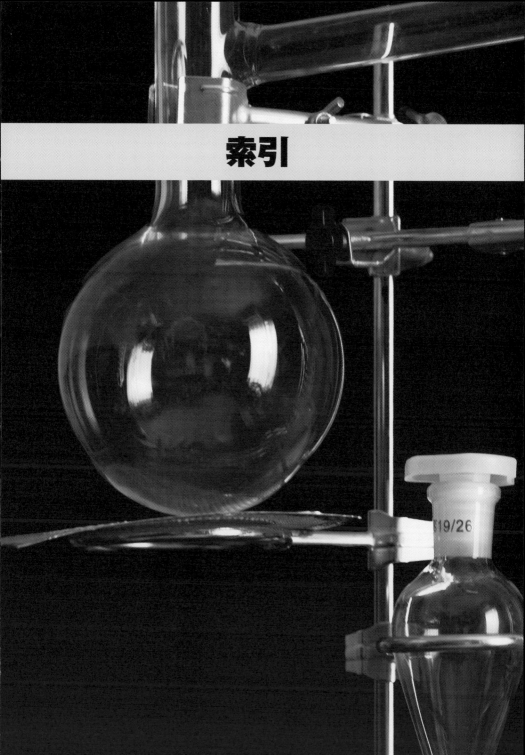

索引

索引

数字

3D装置 ……………………………… 132
3Dメガネ …………………………… 147

アルファベット

＜D＞
Dragon Illusion …………………… 101

＜H＞
Hollow face錯視 ………………… 102

＜L＞
LED …………………………… 65,120
L錐体 ………………………………… 126

＜M＞
M錐体 ………………………………… 126

＜P＞
PVA …………………………………… 141

＜S＞
S錐体 ………………………………… 126

＜V＞
VR装置 ………………………………… 8

五十音順

＜あ行＞
あ 赤LED ………………………………… 19
　 赤青めがね ……………………… 132
　 アトラクション ………………… 110
　 アニメーション …………………… 92
　 アルカリ性 ………………………… 12
い イエロー ………………………… 121
　 色変わり色素 ……………………… 17
　 色の影 …………………………… 127
　 インサートカップ ……………… 107
う 雲母 ……………………………… 154
え 液晶画面 ………………………… 146
お 黄色蛍光体 ……………………… 30
　 凹レンズ …………………………… 78
　 お手軽VR装置 ………………… 110

＜か行＞
か カメラ ……………………………… 35
　 簡単アニメマシン ………………… 92
き キーライト ……………………… 26
　 黄色 ………………………………… 67
く クエン酸 …………………………… 12
　 屈折 ………………………………… 53
　 首振りドラゴン ………………… 101
　 クロロウバイ ……………………… 57
け 蛍光灯 ……………………………… 64
　 蛍光ランプ ………………………… 25
　 ゲーテ …………………………… 131
こ コイン電池 ……………………… 121

＜さ行＞
さ 錯視 ……………………………… 102
　 サングラス ……………………… 146
　 酸性 ………………………………… 12
し シアン ………………………… 67,121

索　引

視覚	125	
色素	13	
自己点滅型フルカラーLED	29	
指示薬	17	
す 水晶体	35,155	
錐体	126	
ステレオグラム	10	
スペクトル	60	
スリット	70、92	
せ 正反射	82	
セロハンテープ	150	
旋光性	150	
全反射	53	
そ ゾートロープ	92	

＜た行＞

た 太陽	65
タッチライトブロック	132
単色光	19
ち チョコレートモールド	108
て テアフラビン	12
電球	64
電球タイプ	33
と 透過光	41
透明フィルム	150
凸レンズ	39,72
トレーシングペーパー	133

＜な行＞

に 入射角	53
ニュートン	131

＜は行＞

は バーチャルリアリティ	10
ハーフミラー	47
白色LED	30
白色光	21,60
針穴	35

反射	41,53
半分鏡	41
ひ ビー玉	152
光の三原色	120
光のジュース	120
ピンホールカメラ	35
ふ 複屈折性	150
プラスチック	151
フルカラーライト	66
分光器	60
分光シート	60
へ ペーパークラフト	101
偏光版	141
偏光フィルム	141
ほ ボトルレンズ	72
ポリビニルアルコール	141

＜ま行＞

ま マゼンタ	67,121
間違い探し	8
み 水あめ	155
む 無限鏡	41
虫メガネ	75
網膜	35

＜ら行＞

ら ラップの芯	69
り 立体画像	10
立体視	8
れ レンズフィルタ	145
ろ ロウソクの炎	65
ロッドレンズ	81

《著者略歴》

久保 利加子（くぼ・りかこ）

1963年 博多生まれ
1986年 九州大学農学部食糧化学工学科卒業
2004年 つくば市で『おもしろ！ふしぎ？実験隊』の活動をスタート。

2024年、年間延べ3000人近くの子供たちと実験を楽しんだつくばを離れ、福岡市で活動開始。科学ボランティア育成にも注力し、ネットでは、理科ネタを詳しく公開し、実験キットの販売（本書のキットもあり）も行なっています。

[著者ホームページ]
https://hmslab1.jimdofree.com/

[Facebook]
https://www.facebook.com/o.f.jikkenntai/

[Instagram]
https://www.instagram.com/oh_jikkentai/

[ブログ]
https://omoshiro.home.blog/

[実験キットの販売]
https://hmslab1.jimdofree.com/ショップ
-キット購入サイト/

[参考文献]

「機能性プラスチック」のキホン
https://www.sbcr.jp/products/4797364231.html

本書の内容に関するご質問は、
①返信用の切手を同封した手紙
②往復はがき
③E-mail　editors@kohgakusha.co.jp
のいずれかで、工学社編集部あてにお願いします。
なお、電話によるお問い合わせはご遠慮ください。

サポートページは下記にあります。

[工学社サイト]
http://www.kohgakusha.co.jp/

I/O BOOKS

家庭でできる驚き実験！おもしろ！ふしぎ？科学工作室

2025年3月1日 初版発行　©2025	著　者　久保　利加子
	発行人　星　正明
	発行所　株式会社工学社
	〒160-0011 東京都新宿区若葉1-6-2 あかつきビル201
	電話　（03）5269-2041（代）[営業]
	（03）5269-6041（代）[編集]
※定価はカバーに表示してあります。	振替口座　00150-6-22510

印刷：(株)エーヴィスシステムズ　　　　　ISBN978-4-7775-2291-0